国家科学思想库

中国学科发展战略

太阳电池科学技术

国家自然科学基金委员会
中 国 科 学 院

科学出版社
北 京

内 容 简 介

太阳能光伏发电技术是很有前途和潜力的可再生能源与清洁能源技术，是多学科交叉的前沿研究领域。本书主要讨论光伏技术的科学基础、学科框架和发展趋势，分析各类太阳电池能量转换技术的科学技术路径和科学原理制约，探讨各类太阳电池的发展趋势和关键技术，探索太阳电池技术发展的新思路，研究太阳电池产业发展的策略路径、产业布局及规划目标。

本书适合高层次的战略和管理专家、相关领域的高等院校师生、研究机构的研究人员阅读，是科技工作者洞悉学科发展规律、把握前沿领域和重点方向的重要指南，也是科技管理部门重要的决策参考，同时也是社会公众了解光伏领域、半导体光电子学研究现状及趋势的权威读本。

图书在版编目（CIP）数据

太阳电池科学技术／国家自然科学基金委员会，中国科学院编.—北京：科学出版社，2019.10

（中国学科发展战略）

ISBN 978-7-03-062169-6

Ⅰ.①太…　Ⅱ.①国…②中…　Ⅲ.①太阳能电池-研究　Ⅳ.①TM914.4

中国版本图书馆 CIP 数据核字（2019）第181912号

丛书策划：侯俊琳　牛　玲
责任编辑：朱萍萍　李丽娇／责任校对：韩　杨
责任印制：李　彤／封面设计：黄华斌　陈　敬

科 学 出 版 社 出版
北京东黄城根北街 16 号
邮政编码：100717
http://www.sciencep.com

北京虎彩文化传播有限公司 印刷
科学出版社发行　各地新华书店经销
*

2019年10月第 一 版　开本：720×1000　1/16
2021年3月第三次印刷　印张：10 1/4
字数：200 000

定价：86.00元

（如有印装质量问题，我社负责调换）

中国学科发展战略

联合领导小组

组　　长：丁仲礼　李静海

副 组 长：秦大河　韩　宇

成　　员：王恩哥　朱道本　陈宜瑜　傅伯杰　李树深

　　　　　杨　卫　汪克强　李　婷　苏荣辉　王长锐

　　　　　邹立尧　于　晟　董国轩　陈拥军　冯雪莲

　　　　　王岐东　黎　明　张兆田　高自友　徐岩英

联合工作组

组　　长：苏荣辉　于　晟

成　　员：龚　旭　孙　粒　高阵雨　李鹏飞　钱莹洁

　　　　　薛　淮　冯　霞　马新勇

中国学科发展战略·太阳电池科学技术

项 目 组

组 长：褚君浩 李永舫

成 员（以姓名笔画为序）：

刘 剑 孙 硕 孙 琳 李树深 杨 涛

杨平雄 杨德仁 沈 宏 沈 辉 张 涛

张茂杰 陆书龙 陈时友 孟庆波 胡志高

查亚兵 骆军委 陶加华 黄 维 薛春来

总　序

白春礼　杨　卫

　　17世纪的科学革命使科学从普适的自然哲学走向分科深入，如今已发展成为一幅由众多彼此独立又相互关联的学科汇就的壮丽画卷。在人类不断深化对自然认识的过程中，学科不仅仅是现代社会中科学知识的组成单元，同时也逐渐成为人类认知活动的组织分工，决定了知识生产的社会形态特征，推动和促进了科学技术和各种学术形态的蓬勃发展。从历史上看，学科的发展体现了知识生产及其传播、传承的过程，学科之间的相互交叉、融合与分化成为科学发展的重要特征。只有了解各学科演变的基本规律，完善学科布局，促进学科协调发展，才能推进科学的整体发展，形成促进前沿科学突破的科研布局和创新环境。

　　我国引入近代科学后几经曲折，及至上世纪初开始逐步同西方科学接轨，建立了以学科教育与学科科研互为支撑的学科体系。新中国建立后，逐步形成完整的学科体系，为国家科学技术进步和经济社会发展提供了大量优秀人才，部分学科已进入世界前列，有的学科取得了令世界瞩目的突出成就。当前，我国正处在从科学大国向科学强国转变的关键时期，经济发展新常态下要求科学技术为国家经济增长提供更强劲的动力，创新成为引领我国经济发展的新引擎。与此同时，改革开放30多年来，特别是21世纪以来，我国迅猛发展的科学事业蓄积了巨大的内能，不仅重大创新成果源源不断产生，而且一些学科正在孕育新的生长点，有可能引领世界学科发展的新方向。因此，开展学科发展战略研究是提高我国自主创新能力、实现我国科学由"跟跑者"向"并行者"和"领跑者"转变的一项基础工程，对于更好把握世界科技创新发展趋势，发挥科技创新在全面创新中的引领作用，具有重要的现实意义。

学科发展战略研究的核心是结合科学技术和经济社会的发展需求，在分析科学前沿发展趋势的基础上，寻找新的学科生长点和方向。在这个过程中，战略科学家的前瞻引领作用十分重要。科学史上这样的例子比比皆是。在 1900 年 8 月巴黎国际数学家代表大会上，德国数学家戴维·希尔伯特发表了题为"数学问题"的著名讲演，他根据过去特别是 19 世纪数学研究的成果和发展趋势，提出了 23 个最重要的数学问题，即"希尔伯特问题"。这些"问题"后来成为许多数学家力图攻克的难关，对现代数学的研究和发展产生了深刻的影响。1959 年 12 月，美国物理学家、诺贝尔奖得主理查德·费曼在加利福尼亚理工学院举行的美国物理学会年会上发表了题为"物质底层大有空间——一张进入物理新领域的请柬"的经典讲话，对后来出现的纳米技术作出了天才的预见。

学科生长点并不完全等同于科学前沿，其产生和形成不仅取决于科学前沿的成果，还决定于社会生产和科学发展的需要。1841年，佩利戈特用钾还原四氯化铀，成功地获得了金属铀，可在很长一段时间并未能发展成为学科生长点。直到 1939 年，哈恩和斯特拉斯曼发现了铀的核裂变现象后，人们认识到它有可能成为巨大的能源，这才形成了以铀为主要对象的核燃料科学的学科生长点。而基本粒子物理学作为一门理论性很强的学科，它的新生长点之所以能不断形成，不仅在于它有揭示物质的深层结构秘密的作用，而且在于其成果有助于认识宇宙的起源和演化。上述事实说明，科学在从理论到应用又从应用到理论的转化过程中，会有新的学科生长点不断地产生和形成。

不同学科交叉集成，特别是理论研究与实验科学相结合，往往也是新的学科生长点的重要来源。新的实验方法和实验手段的发明，大科学装置的建立，如离子加速器、中子反应堆、核磁共振仪等技术方法，都促进了相对独立的新学科的形成。自 20 世纪 80 年代以来，具有费曼 1959 年所预见的性能、微观表征和操纵技术的仪器——扫描隧道显微镜和原子力显微镜终于相继问世，为纳米结构的测量和操纵提供了"眼睛"和"手指"，使得人类能更进一步认识纳米世界，极大地推动了纳米技术的发展。

作为国家科学思想库，中国科学院（以下简称中科院）学部的基本职责和优势是为国家科学选择和优化布局重大科学技术发展方向提供科学依据、发挥学术引领作用，国家自然科学基金委员会（以下简称基金委）则承担着协调学科发展、夯实学科基础、促进学科交叉、加强学科建设的重大责任。继基金委和中科院于2012年成功地联合发布"未来10年中国学科发展战略研究"报告之后，双方签署了共同开展学科发展战略研究的长期合作协议，通过联合开展学科发展战略研究的长效机制，共建共享国家科学思想库的研究咨询能力，切实担当起服务国家科学领域决策咨询的核心作用。

基金委和中科院共同组织的学科发展战略研究既分析相关学科领域的发展趋势与应用前景，又提出与学科发展相关的人才队伍布局、环境条件建设、资助机制创新等方面的政策建议，还针对某一类学科发展所面临的共性政策问题，开展专题学科战略与政策研究。自2012年开始，平均每年部署10项左右学科发展战略研究项目，其中既有传统学科中的新生长点或交叉学科，如物理学中的软凝聚态物理、化学中的能源化学、生物学中生命组学等，也有面向具有重大应用背景的新兴战略研究领域，如再生医学、冰冻圈科学、高功率、高光束质量半导体激光发展战略研究等，还有以具体学科为例开展的关于依托重大科学设施与平台发展的学科政策研究。

学科发展战略研究工作沿袭了由中科院院士牵头的方式，并凝聚相关领域专家学者共同开展研究。他们秉承"知行合一"的理念，将深刻的洞察力和严谨的工作作风结合起来，潜心研究，求真唯实，"知之真切笃实处即是行，行之明觉精察处即是知"。他们精益求精，"止于至善"，"皆当至于至善之地而不迁"，力求尽善尽美，以获取最大的集体智慧。他们在中国基础研究从与发达国家"总量并行"到"贡献并行"再到"源头并行"的升级发展过程中，脚踏实地，拾级而上，纵观全局，极目迥望。他们站在巨人肩上，立于科学前沿，为中国乃至世界的学科发展指出可能的生长点和新方向。

各学科发展战略研究组从学科的科学意义与战略价值、发展规律和研究特点、发展现状与发展态势、未来5～10年学科发展的关键科学问题、发展思路、发展目标和重要研究方向、学科发展的有效资助机制与政策建议等方面进行分析阐述。既强调学科生长点的科学意义，也考虑其重要的社会价值；既着眼于学科生长点的前沿性，也兼顾其可能利用的资源和条件；既立足于国内的现状，又注重基础研究的国际化趋势；既肯定已取得的成绩，又不回避发展中面临的困难和问题。主要研究成果以"国家自然科学基金委员会—中国科学院学科发展战略"丛书的形式，纳入"国家科学思想库—学术引领系列"陆续出版。

基金委和中科院在学科发展战略研究方面的合作是一项长期的任务。在报告付梓之际，我们衷心地感谢为学科发展战略研究付出心血的院士、专家，还要感谢在咨询、审读和支撑方面做出贡献的同志，也要感谢科学出版社在编辑出版工作中付出的辛苦劳动，更要感谢基金委和中科院学科发展战略研究联合工作组各位成员的辛勤工作。我们诚挚希望更多的院士、专家能够加入到学科发展战略研究的行列中来，搭建我国科技规划和科技政策咨询平台，为推动促进我国学科均衡、协调、可持续发展发挥更大的积极作用。

前　　言

　　能源是经济社会发展的重要物质基础。能源问题已经成为制约传统产业未来可持续发展的瓶颈。能源系统、经济系统与环境系统存在密切的相互联系、相互影响、相互制约的发展关系。自第一次工业革命以来，煤炭、石油、天然气等化石能源快速发展，成为经济社会发展的支撑。但同时，这些传统能源的广泛利用也造成了严重的环境问题，威胁着地球生物的生存环境。太阳能等可再生能源，因其取之不尽、用之不竭、清洁环保的特点，受到世界各国的高度重视。大力开发利用清洁可再生能源是实现经济效益和环境效益共赢的有效举措。毫无疑问，太阳能技术是很有前途和潜力的可再生能源和清洁能源技术，其涉及材料、器件和系统等方面，是多学科交叉的前沿研究领域。基于此，从科学层面来分析太阳电池的理论基础、发展思路和趋势，同时总结当前该领域的最新进展是非常必要的，也是十分亟须的。

　　本书主要研究太阳能光伏发电技术的科学基础、学科框架和发展趋势，分析当前各类太阳电池能量转换技术的科学发展路径和科学原理制约，探讨各类太阳电池的发展趋势和关键技术，分析和预判太阳电池科学技术的发展形势，探索太阳电池科学技术发展的新思路，研究太阳电池产业发展的策略路径、产业布局及规划目标。同时，本书还讨论了第三次工业革命新构想——能源互联网建设问题。书中在政策层面提出了针对发展太阳电池科学技术和应用的若干建议。具体来讲，本书主要针对当前太阳电池科学技术的快速发展，从多学科（材料科学、物理学、电子科学与技术、工程科学技术等）入手，通过厘清太阳电池科学技术的发展规律和发展前景，并结合中国科学家在该领域取得的重要进展和突破，系统分析了它们的科学意义和学术价值。并且，项目组组长褚君浩院士和主要研究骨干还积极参与我国太阳电池产业的相关决策咨询，建言献策，结合我国国情提出了促进太阳电池产业发展的财税金融政策、产业规划政策、科技创新政策、人才培养政策及市场环境建设政策等若干资助机制与政策建议。

本书主要由来自中国科学院上海技术物理研究所、中国科学院化学研究所、南京工业大学、国防科技大学、中山大学、浙江大学、华东师范大学、中国科学院半导体研究所、中国科学院苏州纳米技术与纳米仿生研究所、中国科学院合肥等离子体物理研究所、中国科学院物理研究所、苏州大学及华北电力大学等高校和科研院所的科学家参与撰写完成，具体分工如下：中国科学院上海技术物理研究所褚君浩、沈宏、孙硕撰写第一章；华东师范大学杨平雄、胡志高、孙琳、陈时友、陶加华撰写第二章；中国科学院上海技术物理研究所褚君浩、沈宏、孙硕，中国科学院化学研究所李永舫，南京工业大学黄维，中山大学沈辉，浙江大学杨德仁，华东师范大学杨平雄、胡志高、孙琳、陈时友、陶加华，中国科学院半导体研究所李树深、刘剑、杨涛、骆军委、薛春来，中国科学院苏州纳米技术与纳米仿生研究所陆书龙，中国科学院物理研究所孟庆波，苏州大学张茂杰，中国科学院合肥等离子体物理研究所及华北电力大学相关老师撰写第三章；国防科技大学张涛、查亚兵撰写第四章；中国科学院上海技术物理研究所褚君浩、沈宏、孙硕撰写第五章。褚君浩、胡志高负责统稿。

本书的出版得到中国科学院和国家自然科学基金委员会的学科发展战略研究项目的资助。

褚君浩
2019 年 1 月

摘　　要

太阳电池科学技术是一门交叉学科，涉及物理学、电子科学与技术、化学、材料科学、工程科学技术、能源科学技术，同时又具有很强的应用性，与社会经济、国计民生紧密联系。

能源是经济社会发展的重要物质基础。当前的环境问题在很大程度上是由传统化石能源的巨大消费引起的。能源与环境问题归根结底是发展的问题。能源问题已经成为制约传统产业未来可持续发展的瓶颈。自第一次工业革命以来，煤炭、石油、天然气等化石能源迅速成为经济社会发展的支撑。但同时，这些传统能源的广泛利用造成了严重的环境问题，严重威胁着地球生物的生存环境。为了应对日益严重的能源危机，各国积极探寻新能源技术，特别是太阳能、风能、生物能等可再生能源，因其取之不尽、用之不竭、清洁环保的特点，受到世界各国的高度重视。我国现阶段的环境污染在一定程度上与以煤炭为主的能源结构有关。在中国现代化进程中，能源消耗带来了资源环境破坏的外部成本，应积极推动能源生产与利用方式变革，提高能源资源利用效率。能源系统、经济系统与环境系统存在密切的相互联系、相互影响、相互制约的发展关系。大力开发和利用清洁可再生能源是实现经济效益和环境效益共赢的有效举措。

一、太阳电池的学科基础

按照能量转换方式，太阳能技术分为光热转换、光电转换及光化学能转换等领域。就太阳能光伏发电而言，其技术涉及材料、器件和系统等方面，其中材料是基础，器件是关键，而系统是具体应用形式。根据所用材料的不同，太阳电池大体可分为：①块体材料太阳电池，如晶硅太阳电池和砷化镓（GaAs）太阳电池；②化合物半导体薄膜太阳电池，如碲化镉（CdTe）薄膜太阳电池、铜铟镓硒（CIGS）薄膜太阳电池、聚合物太阳电池、钙钛矿太阳电池等；③有机太阳电池等。根据器件结构的不同，太阳电池可分为p-n同质结、p-n异质结、p-i-n结、肖特基结、非结型光伏器件、叠层太阳电池等。太阳电池的产业链较长，从原材料、器件到系统制造技术均涉及重化工、材料制备、机械加工、半导体工艺、电力电子等多种技术与工业门类。

二、太阳电池的发展趋势

（一）晶硅材料

硅片是硅太阳电池的基础材料。在微电子用晶硅材料研究和开发的基础上，针对太阳电池制备的特点，太阳电池用晶硅材料在过去的20多年里得到了长足的发展。如何进一步降低材料制造成本、能耗和实现环保生产，如何进一步提高晶体质量，是当前的研究重点。而下一阶段产业化的重要突破方向应该是：大尺寸高速多次加料单晶硅生长技术、大尺寸铸造类（准）单晶硅技术和铸造类多晶硅金刚线切割技术。

（二）薄膜太阳电池

薄膜太阳电池主要包括硅薄膜太阳电池、砷化镓太阳电池、碲化镉薄膜太阳电池、铜铟镓硒薄膜太阳电池等。

1. 硅薄膜太阳电池

硅薄膜太阳电池包括晶硅薄膜太阳电池和硅基薄膜太阳电池两种。硅基薄膜太阳电池以高效四结叠层太阳电池研究为主。目标是满足高效多结硅基叠层太阳电池子电池带隙组合的要求，以实现对太阳光谱的有效利用。这对具有合适带隙兼顾光电性能的子电池本征层材料的选择极为重要。在带隙工程和器件设计的指导下，重点开展高效宽带隙顶电池、中间带隙子电池和窄带隙底电池的研究，为四结叠层太阳电池中子电池本征层提供多种带隙选择。在晶硅薄膜太阳电池的研究领域中存在高温路线和低温路线两种基本路线。高温路线是指薄膜沉积温度及电池制作过程中的温度高于800摄氏度，低温路线是指薄膜沉积温度及电池制作过程中的温度均低于650摄氏度。不同的温度范围决定了所采用的衬底材料。高温路线受限于高温衬底材料的选择，只能选择硅基衬底；低温路线可以选择不锈钢或玻璃衬底。两种基本路线都在实验室内得到了广泛研究，并且在个别晶硅薄膜太阳电池技术中得到产业化尝试。要真正实现晶硅薄膜太阳电池的产业化，必须解决优质晶硅薄膜的低温制备、纳米光子学陷光结构的设计和实现等关键问题。

2. 砷化镓太阳电池

砷化镓太阳电池主要作为聚光太阳电池使用。聚光太阳电池与现在市场上普遍应用的常规电池相比，具有能源利用效率高、适应光谱范围广、使用寿命长、技术可靠成熟、全寿命发电成本低、全寿命单位能耗低等多方面的优势。但是，该设计和结构过于复杂，存在极大的技术难题。聚光太阳电池晶格失配材料的制备及机理研究，高质量多层结构的渐变缓冲层的制备，聚光多结太阳电池外延匹配工艺，金属键合及半导体直接键合技术，腐蚀剥离技术，薄膜衬底转移技术，光电热联产聚光组件的关键技术，光伏逆变器系统拓扑结构的优化，研发适用于高倍聚光光伏电站的大功率光伏并网逆变器，发展综合日历跟踪和光敏传感器跟踪的控制方式，解决聚光多结太阳电池及相应系统在高倍率强光照射条件下的性能衰降，低成本大面积反射镜材料与曲面成形制造工艺，研究高能流密度光伏光热转换技术。

从理论上讲，宽光谱多结太阳电池结数越多，光电转换效率越高，但是，完美材料生长的晶格匹配要求和多结电池结构的光电流匹配要求使得直接生长三结以上的多结电池变得非常困难。多结电池的光电转换效率提升需要新的设计思路和技术创新。围绕高效Ⅲ-Ⅴ族化合物半导体多结电池的研制进行相关问题研究。通过解决多结电池中的光电调控综合设计和制备，界面调控、高性能键合工艺，以及异质结界面对载流子复合及输运特性的影响等关键科学问题，来实现光电转换效率的重大突破，满足空间能源的广泛应用。在Ⅲ-Ⅴ高效多结太阳电池研发基础上,重点开展超薄、柔性、高效多结太阳电池中的共性关键技术,通过半导体能带工程、纳米异质结功能结构的构筑与调控,获得带隙可调、高迁移率的高效能源材料;突破柔性器件中材料制备、纳米器件加工、衬底剥离、柔性电极和纳米器件集成应用等关键技术环节,实现光电转换效率25%以上,为航空航天、无人机、军事、勘探等尖端科技领域提供柔性、高效、高比功率密度及便于携带的Ⅲ-Ⅴ多结电池。

随着半导体材料外延生长技术,特别是Ⅲ-Ⅴ族化合物半导体的金属有机物气相外延技术的成熟发展,以砷化镓为基础制备Ⅲ-Ⅴ族化合物整体集成式多结级连太阳电池成为可能,并成为高效电池的最佳选择。在砷化镓基叠层电池的研究中,最广泛的是GaInP/GaInAs/Ge三结叠层电池,该电池的光电转换效率最高世界纪录为32%,由美国波音光谱实验室(Boeing Spectrolab)在2003年实现,电池的面积为4平方厘米。2009年,日本夏普(Sharp)公司开发的GaInP/GaAs/GaInAs三叠层太阳电池在0.88平方厘米的面积上获得了35.80%的光电转换效率。2009年,美国Spire公司开发的GaInP/GaInAs/Ge三叠层电池在0.30平方厘米的面积上364倍聚光条件下获得了41.60%的光电转换效率。2012年6月,日本Sharp公司宣布,其GaInP/GaAs/GaInAs三叠层太阳电池在0.167平方厘米的面积上聚光306倍,创造了43.50%的光电转换效率世界纪录。

3. 碲化镉薄膜太阳电池

近年来,碲化镉薄膜太阳电池的实验室研究和产业化都发展迅速,2017年认证效率已经达到22.10%,通用组件的光电转换效率达到18.60%,已经有兆瓦级的地面电站建成发电。降低生产制造成本,碲化镉薄膜太阳电池的光电转换效率进一步提高,通过降低背电极欧姆接触势垒,提高吸收层载流子浓度和寿命,提高太阳光短/长波响应,突破开路电压的新型电池结构等一些关键技术。碲化镉薄膜太阳电池产业化发展的关键在于建立废旧碲化镉薄膜太阳电池的回收再利用制度,消除镉影响环境的隐患和提高碲的循环利用率。探寻新型薄膜太阳电池材料成为未来的研究热点,其中硒化锑(Sb_2Se_3)是一种非常有前景的太阳电池吸光层材料。其具有如下优势：①硒化锑为直接带隙材料，禁带宽度为 1.15 电子伏，非常接近硅（1.12 电子伏），单结太阳电池的理论光电转换效率高于 30%；②硒化锑为简单二元化合物，物相唯一，且可在较低温度（低于 300 摄氏度）实现高质量薄膜生长，可以降低生产能耗；③硒化锑的原料价格低廉（锑与铜的价格相当，硒约为 390 元/千克），储量丰富，绿色低毒（中国、美国、欧盟都未将硒化锑列为剧毒或致癌物）；④硒化锑太阳电池的研究非常少，2013 年 12 月国际上才有文献报道（硒化锑敏化太阳电池），有希望获得关键专利。因此，硒化锑的光电和材料性能优良，有希望制备低成本、高光电转换效率的太阳电池，具有重要的科学价值和应用前景，值得研究。

4. 铜铟镓硒薄膜太阳电池

高效铜铟镓硒薄膜太阳电池研究涉及的主要问题有：①多 p-n 结和梯度带隙铜铟镓硒薄膜太阳电池研究；②碱金属元素对铜铟镓硒性能的影响；③铜铟镓硒薄膜太阳电池界面缺陷研究及缺陷钝化技术开发；④新型环保高效无镉缓冲层的开发研究；⑤柔性衬底铜铟镓硒薄膜太阳电池研究；⑥超薄吸收层铜铟镓硒薄膜太阳电池开发研究；⑦关键溅射用靶材的制备；⑧基于富硒铜铟镓硒靶材溅射及无硒源气氛热处理的制备铜铟镓硒薄膜太阳电池新工艺。铜锌锡硫（CZTS）薄膜太阳电池是铜铟镓硒薄膜太阳电池的最有前途的替代体系，到 2019 年为止，其最高光电转换效率仅为 12.60%，其值相对较低，要想实现铜锌锡硫硒（CZTSSe）薄膜太阳电池的光电转换效率达到 15%，需要从金属/半导体接触、硫/硒的组分掺杂及带隙调控、铜锌锡硫硒薄膜的晶界和异质结界面结构等几个方面进行重点研究。

（三）新型太阳电池

1. 钙钛矿太阳电池

钙钛矿太阳电池是一种新出现的发展势头非常迅猛的新型太阳电池，是当前新型太阳电池领域最炙手可热的方向之一。但是在电池效率突飞猛进的光明形势下，电池材料、器件稳定性这方面存在着热/湿不稳定性问题，并不可避免地将成为钙钛矿太阳电池接下来一段时期发展所需要攻克的最重要、最艰难的"山头"。放眼整个新型太阳电池领域，可以说目前所有的新型太阳电池方向均处于研发阶段，均有着诸如稳定性较差、光电转换效率较低等问题尚未解决，距离晶硅太阳电池的经历商业化历程还有相当长的一段距离。要实现钙钛矿太阳电池的商业化，真正的挑战在于电池的稳定性。当前改善钙钛矿太阳电池的稳定性有两种思路：一种是提高钙钛矿材料本身的稳定性，主要包括提高其热稳定性及湿度稳定性。例如，瑞士洛桑联邦理工学院[1]采用 2D/3D 结构的新型钙钛矿材料代替原有的 3D 结构钙钛矿材料，制备的电池在空气中能维持10 000 小时以上不衰减，不过该电池光电转换效率较低（11.20%）。陕西师范大学[2]采用含铯离子钙钛矿材料制备的电池在放置一年之后仍能保持 19% 以上的光电转换效率。另一种是寻找合适的传输层材料使电池与环境隔绝，抑制钙钛矿材料的分解。例如，华中科技大学[3]采用具有高水氧稳定性的无机氧化物镓酸亚铜（$CuGaO_2$）纳米颗粒作为传输层材料，电池效率可达到 18.51% 且在空气存放 30天仍保持初始值 90% 以上的光电转换效率。瑞士洛桑联邦理工学院[4]采用廉价稳定的硫氰酸亚铜（CuSCN）作为传输层材料，电池效率可达到 20.20% 且在 60 摄氏度下持续光照 1000 小时仍保持了初始值95% 以上的光电转换效率。正所谓"不积跬步，无以至千里；不积小流，无以成江海"，现今正是加大研发投入，为技术革命做准备的关键时刻。纵观钙钛矿太阳电池迅猛的发展历程，可以看到过去新型太阳电池的基础研究起到了至关重要的推动作用——没有固态染料敏化太阳电池的基础研究，就没有钙钛矿太阳电池固态化后的兴起；没有有机薄膜太阳电池对于界面调控的基础研究，就没有钙钛矿太阳电池从 15% 至 22.70% 的飞跃。因此可以说，虽然钙钛矿太阳电池等新型太阳电池离实用化还有一些关键问题没有解决，甚至可能长期得不到解决，但是对于这些电池的基础研究仍是非常有价值的，可以助力未来可能出现的新材料，使得那些使用新材料的新电池器件能够更快发展，从而最终使太阳能真正走向生活，走向平价。

2. 染料敏化太阳电池

自钙钛矿太阳电池独立成体系脱离染料敏化太阳电池后，染料

敏化太阳电池领域近年来未取得值得称道的成果，最高电池效率自
2013年达到11.90%后也已经两年没有进一步进展。可以说，当前
染料敏化太阳电池的研究发展已经进入了一个瓶颈期。为了突破当
前的瓶颈，加大对新电池材料（染料种类、电极材料、电解质材料
等）、新电池结构的创新性研究投入是不二选择。当然，在钙钛矿
太阳电池光鲜的当下我们要以史为镜，要看到这一太阳电池的出现
与兴起是依赖于染料敏化太阳电池领域长期的技术和经验积累的。
因此，保持在染料敏化太阳电池领域的基础研发投入将可以为新型
太阳电池的发展夯实理论基础，为未来的太阳电池技术革命保驾护
航，这是非常有价值的。染料敏化太阳电池涉及的关键技术包括：
长激子寿命染料的设计与规模化合成、非腐蚀性电解质的设计及规
模化制备、高效染料敏化太阳电池的制备工艺研究、全固态及柔性
器件制备及研究、大面积染料敏化太阳电池组件技术研究。

3. 叠层多结太阳电池

随着社会的发展，人们对低成本、高光电转换效率太阳电池的
需求越来越高。在现有众多种类的太阳电池中，单结太阳电池技术
最成熟、工业化程度最高。但是由于工作原理的限制，单结太阳电
池只能利用太阳光谱中很有限的一部分。为了更充分地利用太阳
能，人们研发出叠层多结太阳电池。它将禁带宽度由高到低的各级
子电池依次排列串联，利用不同材料吸收不同波段的光子能量，以
优化对太阳光谱的吸收利用，提升电池器件光电转换效率。但此类
电池对材料和制备工艺的要求较高。

4. 中间能带太阳电池

为了结合单结太阳电池和叠层多结太阳电池的各自优势，科学
家们提出一种新型的电池结构，利用先进的材料制备技术和能带工
程，在单结太阳电池能带结构中插入一个独立的中间能带，这样器
件的能带结构将发生变化，器件的光吸收也将从一段拓展至三段，
通过调整、优化中间能带在能带结构中的位置，并选择合适的器件
材料体系，可实现器件光吸收与太阳光谱的最优匹配。可以看出，
中间能带太阳电池兼具单结太阳电池和叠层多结太阳电池的优点。
其光吸收可等同于一个叠层三结太阳电池，光谱响应充分、光电转

换效率高。同时，其器件结构基于单结太阳电池，结构简单、制备成本较低。

"中间能带太阳电池"的概念自提出至今不到20年，但其研究进展非常迅速，无论是机理阐释、材料制备还是器件结构设计等都取得了巨大进步。由于具有高的理论光电转换效率和优秀的综合性能，可以预计未来十年间，中间能带太阳电池的研究仍然是第三代太阳电池中的热点，并且随着材料生长技术的进步和器件结构的优化，很有可能产生突破性的进展，甚至将会有高效的电池产品在空间卫星等领域得到较大规模应用。

5. 低维量子结构太阳电池

低维量子结构中可用来实现多种提高太阳电池光电转换效率的技术，突破传统平面太阳电池30%以上的肖克利-奎伊瑟极限。特别是量子点中的量子束缚效应有利于实现多激子产生效应太阳电池、热载流子太阳电池、光上转换/下转换太阳电池、中间能带太阳电池、多结太阳电池等技术，突破肖克利-奎伊瑟极限，成为第三代太阳电池的有力竞争者。同时，低量子结构的溶液法制备方法有利于降低量子结构太阳电池的制造成本。但是，当前的各种低维量子结构太阳电池的光电转换效率仍远低于传统晶硅薄膜太阳电池的光电转换效率，还没有显示出潜在的第三代电池技术所带来的好处。在达到可与传统平面太阳电池进行竞争前，低维量子结构太阳电池面临的几个关键问题必须得到解决。例如，低维量子结构拥有无与伦比的表面积与体积之比，这同时也不可避免地提高了表面缺陷态的密度。实验中发现，低维量子结构表面上的缺陷态已经成为占支配地位的光生载流子复合中心，严重影响了电池效率的提升。低维量子结构太阳电池的理论概念和工艺实现方法是当今太阳电池研究领域的最前沿科学问题，若能获得成功将会对整个太阳电池领域的发展起到里程碑式的贡献。

（四）柔性太阳电池

与传统的晶硅太阳电池相比，柔性太阳电池，特别是柔性染料敏化太阳电池、聚合物太阳电池及新兴的钙钛矿太阳电池，可以运用成熟的高速报纸印刷卷对卷技术，将半导体材料通过印刷的方式覆盖在卷筒表面的导电塑料或不锈钢箔片上。结合纳米技术的染料敏化太阳电池、有机钙钛矿太阳电池具有明显的材料和器件组装优势，因而是当前国际上较主流的柔性太阳电池。要得到高性能的柔性染料敏化太阳电池并推动其产业化，需要从以下几个方面入手并寻求突破。一方面是需要进一步提高柔性染料敏化太阳电池的光电转换效率和稳定性。另一方面是进一步降低电池的成本并实现卷对卷的大规模印刷制备。近几年来，钙钛矿太阳电池的研究处于非常活跃的状态。根据近年来快速更新的光电转换效率纪录，实现25%的光电转换效率离我们并不遥远。钙钛矿太阳电池能否实现大规模的制作并进入产业化，还有许多问题亟待解决。首先，选择合适的清洁有机金属卤化物来取代剧毒的含铅有机金属卤化物。近年来的研究表明，含锡的有机金属卤化物似乎是一个不错的选择，但是其最大的问题是二价的锡离子容易被空气中的氧氧化，从而带来更加严重的稳定性问题。其次，要进一步提高钙钛矿太阳电池的光电转换效率，设计新型结构的器件也是非常关键的一步。最后，解决了钙钛矿太阳电池器件大面积均匀性和一致性等重要问题，才可以获得大面积的高光电转换效率的钙钛矿太阳电池，使其接近产业化。

柔性太阳电池作为太阳能产业的前沿代表，通过全球各研究机构和企业的不断努力，正以更多、更好、更廉价的方式进入更广阔的太阳电池市场。柔性太阳电池是现有商业太阳电池最有潜力的竞争者。积极开展柔性太阳电池研究对于抢占太阳电池行业发展的先机，促进太阳电池技术的升级换代具有重要意义。从更高的层次上讲，开展柔性太阳电池研究并推动其产业化，将使人类更廉价、更方便地获得取之不尽、用之不竭的清洁能源，对于整个人类社会和经济的可持续发展、提高绿色国内生产总值（gross domestic product，GDP）、治污防霾都具有重要意义。

聚合物太阳电池是近年来发展起来的一种新型太阳电池，其核心是利用聚合物/有机光电材料将光能转化成电能。这类电池具有质量轻、制备工艺简单及可通过低成本的印刷方式制备大面积柔性器件等突出优点；更为重要的是，人们通过分子设计合成新型半导体聚合物或有机分子、采用新的器件结构或对活性层进行特殊处理等方法可以很容易地提高器件的性能。基于这些独特的优点，聚合物太阳电池已经成为世界各国科学界研究的热点和产业界开发、推广的重点。经过十多年的发展，聚合物太阳电池已经成为新能源领域最前沿的研究方向之一，成为高分子科学、有机化学、材料学、半导体物理、光学等多学科交叉的综合性研究领域。聚合物太阳电池的产业化已经成为学术界和产业界共同追求的目标。光电转换效率是决定聚合物太阳电池能否走向实用的关键参数，因此如何实现高的光电转换效率成为本领域研究的核心问题。在过去的十几年里，聚合物太阳电池的光电转换效率已经逐步从 1% 提高到 10% 以上。活性层材料的分子设计、形貌优化及界面材料的开发、器件结构的创新是推动聚合物太阳电池领域快速发展的重要途径。获得高性能聚合物太阳电池的难点在于：设计和合成性能更加优越的活性层给体和受体光伏材料、调控和优化活性层给体 / 受体共混形貌、选择合适的电极界面修饰层材料、优化器件结构及优化光电转换的各个基本物理过程。因此探索和开发更高效的聚合物太阳电池光伏材料和界面修饰层材料及器件制备工艺是聚合物太阳电池技术面向应用的必经之路。

三、太阳电池的应用前景

就太阳电池科学技术本身来说，太阳电池的研究和开发主要围绕已经商业化的晶硅太阳电池、非晶硅薄膜太阳电池、碲化镉薄膜太阳电池、铜铟镓硒薄膜太阳电池及聚光太阳电池进行，旨在进一步提高电池效率并降低电池成本。对于下一代太阳电池的研发，世界各国不断投入了大量的资金和研究力量，研究包括晶硅薄膜太阳电池、染料敏化太阳电池、有机薄膜太阳电池、纳米太阳电池和分光吸收太阳电池及新型钙钛矿太阳电池，旨在占领未来高效低成本的太阳电池开发制高点。"十三五"期间，应着重开展规模化、高效、节能、低成本太阳能级多晶硅的清洁生产技术和太阳电池关键原料（如高纯硅烷、锗烷）和配套材料［如封装材料乙烯-醋酸乙

烯共聚物（ethylene-vinyl acetate copolymer，EVA）、背板材料等]
批量国产化制备技术；太阳能级半导体材料的批量国产化技术；高
效、低成本太阳电池制备技术，包括钙钛矿太阳电池、量子点太阳
电池等在内的新型太阳电池实用化技术；百兆瓦级电池组件成套关
键技术及装备；太阳电池整线成套装备研制及集成技术等。开发具
有自主知识产权的太阳电池材料、器件、组件、系统的核心技术和
关键设备，特别是高性能电池低成本制备的关键设备，依靠科技进
步提高国内光伏企业的核心竞争力；加强新型太阳电池研发的支持
力度，促使这些新型太阳电池从实验室走向产业化。

　　以太阳能为代表的可再生能源存在地理上分散、规模小、生产
不连续及随机性和波动性等特点，这些特点使其难以被有效利用，
也很难适应传统电力网络集中统一的管理方式。作为信息技术与可
再生能源相结合的产物，能源互联网为解决太阳能的有效利用问题
（即实现分布式的"就地收集，就地存储，就地使用"）提供了可行
的技术方案。能源互联网与其他形式的电力系统相比，具有以下
4 个关键特征：可再生能源高渗透率、非线性随机性、多源大数据
特性及多尺度动态特性。基于这些特性所带来的问题，发展能源互
联网需要解决 6 项关键技术：先进储能技术、固态变压器技术、智
能能量管理技术、智能故障管理技术、可靠安全通信技术、系统规
划分析技术。能源互联网开创了未来能源行业的竞争互补的商业模
式，构建了促进竞争的产业组织；同时激活了资源优化配置的各要
素，实现了优质资源的共享和叠加增值，实现了各种服务的充分竞
争。互联网＋能源体制机制的创新将促进能源生产、消费的革命，
能源互联网技术也将与其他领域技术一起相互作用、相互影响，共
同推进新工业革命的产生和发展。

四、太阳电池相关政策建议

　　太阳能产业发展需要依靠国家、各级地方政府和其他企事业单
位等在法律、政策和资金等多方面的扶持，具体包括产业规划、财
税金融、科技创新、人才培养、市场环境建设等措施。在产业规划

方面，建议具体包括：①加强顶层设计与统筹协调，提高规划政策出台的针对性与时效性；②成立可再生能源产业创新发展实施领导小组。财税金融方面包括：①国家财政支持建立示范工程，加强技术创新成果的示范推广应用和市场培育；②设立能源新技术发展专项资金；③对太阳能资源测量、评价及信息系统建设、标准制定及检测认证体系建设加大财政资金；④结合税制改革方向和税种特征，针对能源领域战略性新兴产业特点，加快研究完善和落实鼓励创新、引导投资和消费的税收支持政策。在科技创新方面，建议具体包括：①建立以企业为主体，与高等院校和研究所紧密协作的产学研用创新体系；②坚持科技创新引领，实施重大科技专项建设与示范工程；③加强国际合作，增强战略性新兴产业技术交流；④加强研究队伍分工协作，避免低水平重复建设；⑤关注前沿发展，着力部署下一代超高光电转换效率太阳电池的创新研究；⑥强化支撑光伏能源发展的配套装备产业和服务业；⑦加强光伏产品技术标准化体系和检测认证体系建设等。人才战略主要抓住培养、引进、使用三个环节，提高光伏科技人才质量，优化科技人才结构。营造良好的市场环境包括：①完善市场培育、应用与准入政策；②打破流通环节的行业垄断，保证多种资本投资渠道畅通；③培育合理的消费市场，保障规划目标实现等措施。

Abstract

Solar cell science and technology is an interdisciplinary science, involving physics, electronic science and technology, chemistry, materials science, engineering science and technology, energy science and technology. At the same time, it has a strong application, and is closely related to social economy, national economy and people's livelihood.

1. The fundamental disciplines of solar cells

Energy is an important material basis for economic and social development. Current environmental problems are largely caused by the huge consumption of traditional fossil energy, which is the problem of development. Energy problem has become a bottleneck restricting the sustainable development of traditional industries. Since the first industrial revolution, the rapid development of fossil energy, such as coal, oil and natural gas has become the support of economic and social development. At the same time, the extensive use of traditional energy has caused serious environmental problems and threatened the living environment of the earth's organisms. In order to cope with the increasingly serious energy crisis, we are actively exploring new energy technologies, especially renewable energy such as solar energy, wind energy and biological energy. Because of its inexhaustible, clean and environmentally friendly characteristics, countries around the world attach great importance to it. To some extent, environmental pollution in China is related to the energy structure dominated by coal. In the process of China's modernization, the external cost of the destruction of resources and environment caused by energy consumption should actively promote the transformation of energy production and utilization mode and improve the efficiency of energy resources utilization. The energy system, economic system and environmental system are closely interrelated, interacted and mutually restricted. Vigorously developing and utilizing clean and renewable energy is an effective method to achieve a win-win result in both economic and environmental benefits.

2. The types of solar energy technology

As we know, solar energy technology can be divided into photothermal conversion, photoelectric conversion and photochemical energy conversion. As far as solar photovoltaic power generation is concerned, its technology involves materials, devices and systems, in which materials are the foundation, devices are the key, and the system is the specific application form. According to the different materials used, solar cells can be roughly divided into: ①Bulk material solar cells, such as crystalline silicon and GaAs solar cells; ②Compound semiconductor thin film solar cells, such as cadmium telluride (CdTe), copper, indium, gallium and selenium (CIGS), polymer solar cells, perovskite thin film solar cells, etc; ③Organic solar cells and so on. On the other hand, according to different device structures, solar cells can be divided into: p-n homojunction; p-n heterojunction; p-i-n junction; Schottky junction; non-junction photovoltaic devices; Laminated solar cells and so on. Solar cells have a long industrial chain, from raw materials, devices to system manufacturing technology, which involves heavy chemical industry, material preparation, mechanical processing, semiconductor technology, power electronics and other technologies and industrial categories.

3. The development of solar energy

Especially, the development of solar energy industry needs the support of laws, policies and funds from the state, local governments at all levels and other enterprises and institutions, including industrial planning, finance, taxation, scientific and technological innovation, personnel training, market environment construction and other measures. In terms of industrial planning, it includes: ① Strengthening top-level design and overall coordination, improving the pertinence and timeliness of planning policies; ② Setting up a leading group for the implementation of innovative development of renewable energy industry. Fiscal, taxation and finance aspects include: ① National financial support for the establishment of demonstration projects, strengthening the demonstration, popularization, application and market cultivation of technological innovation achievements; ② Setting up special funds for the development of new energy technologies; ③ Arranging financial funds to increase the measurement, evaluation and information system construction of solar energy resources, standard-setting and testing certification, system construction; ④ According to the direction of tax reform and the characteristics of tax categories, and in view of the characteristics of strategic emerging industries in the field of energy, we should speed up the research, improvement and implementation of tax support policies to encourage innovation, guide investment and consumption. In the aspect of scientific and technological innovation, it includes: ① Establishing an innovation system of industry, university and research with enterprises as the main body and close cooperation with institutions of higher learning and research institutes; ② Adhering to the guidance of scientific and technological innovation and implementing major scientific and technological special construction and demonstration projects; ③ Strengthening international cooperation and enhancing technological exchanges in strategic emerging industries;

④Strengthening the division and cooperation of research teams to avoid low-level duplication of construction; ⑤Focusing on the frontier development and deploying innovative research on next generation ultra-high efficiency solar cells; ⑥ Strengthening the supporting of equipment industry and service industry for photovoltaic energy development; ⑦ Strengthening the construction of photovoltaic product technology standardization system and building up the testing and certification system setting. Talents strategy mainly focuses on training, introduction and use of three links to improve the quality of photovoltaic science and technology talents and optimize the structure of science and technology talents. Creating a good market environment includes: ①Improving market cultivation, application and access policies; ②Breaking the monopoly of the circulation sector, ensuring the smooth flow of various capital investment channels; ③ Cultivating a reasonable consumer market, ensuring the realization of planning objectives and other measures.

目 录

第一章
科学意义与战略价值

第一节　新能源应用的科学意义

　　能源是人类社会发展的动力,是一个国家经济和社会发展的命脉,而自然环境则是地球生物赖以生存与延续的物质基础。随着能源开采量和消费量的持续增加,大量化石能源被开发和使用,导致资源紧张、环境污染、气候异常、冰川消融、海平面上升等突出问题,严重威胁着地球上的生命。正确认识能源与环境的关系,妥善处理好经济发展与环境保护之间的平衡,已经成为各国政府的共识。而开发利用安全、清洁的可再生能源,是解决能源和环境双重危机,实现人类长久可持续发展的历史必然选择。

　　按其生成方式,能源分为天然能源(一次能源)和人工能源(二次能源)两大类。天然能源是指自然界中以天然的形式存在并没有经过加工或转换的能量资源,如煤炭、石油、天然气、核燃料、风能、水能、太阳能、地热能、海洋能、潮汐能等;人工能源则是指由一次能源直接或间接转换成其他种类和形式的能量资源,如煤气、汽油、煤油、柴油、电力、蒸汽、热水、氢气、激光等。其中,已被人类广泛利用并在人类生活和生产中起重要作用的能源称为常规能源,通常是指煤炭、石油、天然气等;而新近才被人类开发利用、有待进一步研究和发展的能量资源称为新能源。相对于常规能源而言,在不同的历史时期和科学技术水平下,新能源有不同的内涵。全球化石能源资源有限。据世界能源委员会(World Energy Council,WEC)2013年的统计，世界已经探明可采煤炭储量共计15 980亿吨，预计还可以开采200年。探明可采石油储量共计1211亿吨，预计还可以开采30～40年。探明可采天然气储量共计119万亿立方米，预计还可以开采60年。2013年，占世界耗能80%的化石燃料的最终可采量相当于33 730亿吨原煤，而世界能耗正以每年5%的速度增长，预计只够人类使用100～200年。石油、天然气等能源正在逐步枯竭，但是新能源的开发利用还没有重大突破，世界正处在"青黄不接"的能源低谷时期。另外，一次能源的大量开发利用带来空气污染、生态破坏等一系列严重的环境问题，直接威胁着经济社会的可持续发展。化石能源燃烧产生的二氧化碳占全球人类活动温室气体排放的56.60%和二氧化碳排放的73.80%，是导致全球气候变暖、冰川消融、海平面上升的重要因素。根据联合国政府间气候变化专门委员会（Intergovernmental Panel on Climate Change，IPCC）第五次评估报告，1880～2012年，全球地表平均温度上升0.85摄氏度；1983～2012年是北半球自有测温记录1400年以来最暖的30年。自1750年工业化以来，全球大气二氧化碳浓度已经从278ppm[①]增加到400ppm。若不尽快采取实质行动，到21世纪末，大气二氧化碳浓度将会超过450ppm的警戒值，全球温升将超过4摄氏度，对人类生存构成严重威胁。

第二节 新能源应用的战略价值

一、我国的能源情况

我国是能源大国，总地质储量居世界第三位。但从人均占有量来看，我国只有世界人均占有量的1/2，仅为美国的1/10、俄罗斯的1/7。我国的能源结构是富煤、贫油、少气。在我国的一次性能源消费中，煤炭占75%以上，我国是世界上唯一以煤炭为基本能源的大国。我国以煤炭为主的能源结构，导致碳排放量长期居高不下。2013年，我国的碳排放量已经达到100亿吨，占世界碳排放总量的29%。预计2030年左右，我国的碳排放量将达到峰值。以煤炭为主的能源供应，加上技术和操作管理等诸多原因，使我国的能源利用率与发达国家相差很大。日本的能源综合利用率为57%、美国为51%，而我国只有30%。我国85%的二氧化硫、67%的氮氧化物、70%的烟

---

① 1ppm=1mg/kg。

尘排放来自以煤炭为主的化石能源燃烧。据北极星风力发电网报道，北京夏天 50%、冬天 70% 的细颗粒物（$PM_{2.5}$）来自燃煤和汽车尾气排放，导致雾霾频发，严重威胁人们的身体健康。一方面，煤炭的大量开采带来严重的生态危害，造成大面积采空区、地面塌陷等地质灾害，导致地下水、耕地资源破坏。另一方面，我国的油气储量有限，仅占世界的 2%～4%，石油和天然气的对外依存度分别达到 58.10% 和 31.60%，水电、核电价格相对较高。整体而言，我国的能源形势非常严峻。随着新型工业化、城镇化、农业现代化的不断推进，人民生活水平不断提高，我国的能源消费将持续增长，能源需求压力巨大。

二、世界新能源开发情况

日益恶化的生态环境，越来越受到国际社会的关注。人类应当不断更新自己的观念，随时调整自己的行为，以实现人与环境的协调共处。保护环境也就是保护人类生存的基础和条件。正如 1972 年联合国人类环境会议（the United Nations Conference on the Human Environment）发表的《联合国人类环境宣言》（*United Nations Declaration of the Human Environment*）中宣告的那样，"维护和改善人类环境已经成为人类一个紧迫的目标""为了在自然界里获得自由，人类必须利用知识在与自然合作的情况下，建设一个良好的环境"。

为了缓解能源与环境的双重压力，世界各国都在积极研究开发新能源，特别是清洁可再生能源，确保长期稳定的能源供给。这方面的措施主要有：

（1）发展核能和利用太阳能、生物能、氢能、地热能、风能、潮汐能、海洋温差和波浪发电等。依托全球能源互联网，在能源开发上实施清洁替代，以清洁能源替代化石能源，走低碳绿色发展道路，实现从化石能源为主、清洁能源为辅向清洁能源为主、化石能源为辅的转变。

（2）在能源消费上实施电能替代，以电代煤、以电代油，推广应用电锅炉、电采暖、电制冷、电炊和电动交通等，提高电能在终端能源消费的比重，减少化石能源消耗和环境污染。电能作为优质、清洁、高效的二次能源，是未来最重要的能源形式之一，绝大多数能源需求都可由电能替代。对于大型城市而言，电从远方来，是优质清洁能源。

（3）充分利用可再生能源发电可以极大降低碳排放，减少生物质能源的消费。例如，全球水能资源超过 50 亿千瓦、陆地风能资源超过 1 万亿千瓦、太阳能资源超过 100 万亿千瓦，远远超过人类社会全部的能源需求。随着技术进步和新材料应用，风能、太阳能、海洋能等清洁能源的开发效率不断提高，经济性和市场竞争力逐步增强，将成为世界主要能源。

三、小结

能源是经济社会发展的重要物质基础。当前的环境问题在很大程度上是由传统化石能源的巨大消费引起的，能源与环境问题归根结底是发展的问题。

自第一次工业革命以来，煤炭、石油、天然气等化石能源快速发展成为经济社会发展的主导能源。同时，能源的广泛利用造成了严重的环境问题，威胁着地球生物的生存。我国现阶段的环境污染在一定程度上与以煤为主的能源结构相关。在中国现代化进程中，能源消耗带来的资源环境成本使我们必须反思能源资源利用的方式，提高利用效率。能源系统与经济系统、环境系统存在着相互影响、相互制约的发展关系。大力开发利用清洁可再生能源是实现经济效益和环境效益共赢的有效举措。

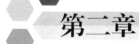

第二章
发展规律与学科基础

第一节 太阳能光伏发电技术的发展历程

太阳能光伏发电技术起源于欧美，现在已经成为全球的支柱产业之一。世界上一些发达国家和地区，如美国、日本、欧洲等，均制定了光伏产业发展规划。我国也于 2009 年制定了相关的发展规划，如金太阳示范工程、太阳能光电建筑应用示范项目等，极大地促进了国内市场的发展。太阳电池从科学原理的确立到当今的大规模商业化应用，经历了 170 多年的历史。从1839 年法国实验物理学家亚历山大·爱德蒙·贝克勒尔（Alexandre-Edmond Becquerel）首次发现光伏效应，到 1954 年第一个实用单晶硅太阳电池在美国贝尔实验室的诞生，再到当前包括材料、器件、系统及各种技术应用在内的完整太阳能光伏发电产业链的形成，分布式光伏发电技术已经成为一种重要的电力来源，其发展历程如表 2-1 所示。

表 2-1 光伏发电技术发展历程

年份	事件
1839	法国科学家亚历山大·爱德蒙·贝克勒尔发现液体的光生伏特效应
1876	W. Adams 和 R. Day 研究了硒（Se）的光伏效应，并制作了第一片硒太阳电池
1883	美国发明家 C. 弗里茨（C. Fritts）阐明了第一块硒太阳电池的工作原理
1918	波兰科学家丘克拉斯基（Czochralski）发展了单晶硅生长的提拉法工艺

年份	事件
1930	B. Lang 研究氧化亚铜 / 铜太阳电池，发表了《新型光伏电池》论文
1930	W. 肖特基（W. Schottky）报道了"新型氧化亚铜光电池"的工作
1932	奥德博尔特（Audobert）和斯托拉（Stora）发现硫化镉（CdS）的光伏现象
1941	奥尔分析了硅的光伏效应
1951	生长出 p-n 结，实现了单晶锗电池
1954	贝尔实验室研究人员 D. Chapin、C. Fuller 和 G. Pearson 等报道了光电转换效率达 4.50% 的单晶硅太阳电池，仅几个月后光电转换效率提升到 6%
1957	单晶硅太阳电池的光电转换效率达到 8%，D. Chapin、C. Fuller 和 G. Pearson 等获得了"太阳能转换器件"的专利权
1960	霍夫曼（Hoffman）电子实现单晶硅太阳电池光电转换效率达到 14%
1977	世界太阳电池产量超过 500 千瓦；D. 卡尔森（D. Carlson）和 C. 弗龙斯基（C. Wronskiy）研制成功世界上第一个非晶硅（a-Si）太阳电池
1984	面积为 929 平方厘米的商品化非晶硅太阳电池组件问世
1985	单晶硅太阳电池售价 10 美元／瓦；澳大利亚新南威尔士大学 M. Green 研制的单晶硅太阳电池光电转换效率达到 20%
1991	瑞士洛桑联邦理工学院的 M. Gratzel 研制的纳米二氧化钛染料敏化太阳电池光电转换效率达到 7%，最近的光电转换效率已超过 12%
2000	世界太阳电池年产量超过 399 兆瓦；X. Wu、R. Dhere、D. Aibin 等报道的碲化镉太阳电池光电转换效率达到 16.4%
2014	世界太阳电池年产量超过 45.3 吉瓦，其中中国年产量超过 40%
2017	韩国 KRICT 和 UNIST 报道小面积钙钛矿太阳电池的认证效率达到 22.10%，美国第一太阳能公司（First Solar）报道小面积碲化镉薄膜太阳电池的最高光电转换效率达到 21.50%，德国太阳能与氢能研究中心（ZSW）研究所报道铜铟镓硒薄膜太阳电池获得最高光电转换效率达到 21.70%

第二节 太阳电池的分类及学科基础

太阳能技术按能量转换方式分为光热转换、光电转换及光化学能转换等。就太阳能光伏发电而言，其技术涉及材料、器件和系统等方面，其中材料是基础，器件是关键，而系统是具体应用形式。根据所用材料的不同，太阳电池大体可以分为：①块体材料太阳电池，如晶硅太阳电池和砷化镓太阳电池；②化合物半导体薄膜太阳电池，如碲化镉薄膜太阳电池、铜铟镓硒薄膜太阳电池、聚合物太阳电池、钙钛矿太阳电池等；③有机太阳电池等。根据器件结构的不同，太阳电池可以分为 p-n 同质结、p-n 异质结、p-i-n 结、肖特基结、非结型光伏器件、叠层太阳电池等。

太阳能光伏发电技术是一门综合性非常强的高技术行业，涉及的基础理论与技术科学主要有：物理学方面的半导体物理学、光学、光电子学、电工学及传热学等；化学方面的物理化学、无机化学、有机化学、电化学等；材料科学方面的半导体材料、新能源材料、材料制备与表征技术等。相关主要课程有新能源材料与器件概论、近代物理概论（量子物理、统计物理）、固体物理、半导体物理与器件、应用电化学、薄膜物理与技术、材料科学与工程基础、无机材料物理化学、材料物理性能、材料研究方法与现代测试技术、新能源材料设计与制备、新能源转换与控制技术、储能材料与技术、半导体硅材料基础、硅材料检测技术、化学电源设计、化学电源工艺学、半导体照明原理与技术、薄膜技术与材料、太阳电池原理与工艺、太阳能发电技术与系统设计、应用光伏学、电池组件生产工艺、光伏逆变器原理与应用等。

第三节　太阳能光伏发电系统

太阳能光伏发电系统分为独立光伏发电系统、并网光伏发电系统及分布式光伏发电系统。

一、独立光伏发电系统

独立光伏发电系统也称离网光伏发电系统，主要由太阳电池组件、控制器和蓄电池组成，若要为交流负载供电，还需要配置交流逆变器。

二、并网光伏发电系统

并网光伏发电系统就是太阳能组件产生的直流电经过并网逆变器转换成符合市电电网要求的交流电之后直接接入公共电网。并网光伏发电系统有集中式大型并网光伏电站，一般是国家级电站，主要特点是将所发电能直接输送到电网，由电网统一调配向用户供电。但这种电站投资大、建设周期长、占地面积大，发展难度较大。而分散式小型并网光伏系统，特别是光伏建筑一体化发电系统，由于投资小、建设快、占地面积小、政策支持力度大等优点，是并网光伏发电的主流。

三、分布式光伏发电系统

分布式光伏发电系统又称分散式发电或分布式供能，是指在用户现场或靠近用电现场配置较小的光伏发电供电系统，以满足特定用户的需求，支持现存配电网的经济运行，或者同时满足这两方面的要求。

分布式光伏发电系统的基本设备包括太阳电池组件、光伏方阵支架、直流汇流箱、直流配电柜、并网逆变器、交流配电柜等，另外还有供电系统监控装置和环境监测装置。其运行模式是，在有太阳辐射的条件下，光伏发电系统的太阳电池组件阵列将太阳能转换输出的电能，经过直流汇流箱集中送入直流配电柜，由并网逆变器逆变成交流电供给建筑自身负载，多余或不足的电力通过联接电网来调节。

光伏发电系统中的支架、逆变器、控制器、升压器、汇流箱等涉及机械制造、信息技术和电子电力等学科，如单片机控制、逆变器原理与技术等；同时还有与光伏系统有关的储能技术、智能电网技术、系统可靠性及认证标准。

总体来看，太阳电池的生产链较长，原材料、器件制造及系统技术涉及重化工、材料制备、机械加工、半导体工艺、电力电子等多种技术与工业门类。

第三章
发展现状与发展态势

第一节　晶硅太阳电池

　　1839 年，亚历山大·爱德蒙·贝克勒尔最早在电解池中观察到了光伏效应；1876 年，W. Adams 和 R. Day 研制了第一片固态太阳电池——硒太阳电池[5]。此后经过半个多世纪的发展，太阳电池的光电转换效率才接近 1%。直到 1954 年，美国贝尔实验室研制出了光电转换效率 6% 的实用型单晶硅太阳电池[6]，从此太阳电池开始真正地应用起来。

　　硅元素在地壳中的含量约为 27%，居第二位，仅次于氧元素，并且环境友好，基于硅材料的半导体器件制作工艺已经相当成熟，可以方便地应用到太阳电池的制备工艺中。因此自光伏产业发展以来，硅始终占据着基本的太阳电池材料的统治地位。可以预见，在未来的十年内，以硅材料制备的太阳电池仍将占据光伏发电的主导地位。晶硅太阳电池进一步发展的方向在于降低成本和提高光电转换效率。在此要求下，晶硅太阳电池将以市场导向为牵引，逐步将实验室新技术转化为产业化生产工艺，同时产生新的技术创新。当前，以硅为基础的各种形态的太阳电池材料仍然是世界各国研究的热点，包括单晶硅、多晶硅、薄膜硅、带状硅及非晶硅等。由于晶硅是间接带隙半导体材料，可见光波段的吸收系数较低，因此需要一定厚度的晶硅材料才能有效吸收可见光。晶硅太阳电池的厚度在 200 微米左右，可以比较充分地吸收太阳光，且晶硅的原子排列有序，缺陷和杂质含量少，少子寿命高，可以较易实现高的光电转换效率。同时晶硅太阳电池的工艺成熟，光电转换效率稳定，成本较低，具有很大的市场优势。2018 年，晶硅太阳电池的市场份额超过了 90%。

晶硅太阳电池的总制造成本中，硅材料的成本占据较大比重（30% 以上）。纵观近年来晶硅太阳电池的产业发展趋势，可以发现其与硅原材料的发展息息相关。2004 年以来，全球石油价格飞涨，太阳能成为以德国为主的欧洲国家大力发展的替代新能源，光伏产业迎来大发展时期，晶硅太阳电池的产能急剧增加。高纯硅原材料的价格一路走高，从 40 美元/千克猛涨到 300 美元/千克以上。即便如此，受限于产能和技术，硅原材料仍非常紧缺，严重影响了晶硅太阳电池产业的发展。到了 2008 年金融危机爆发，市场需求下降，导致硅原料价格也暴跌到 150 美元/千克以下。原材料价格的下跌促进了晶硅太阳电池成本的降低，反过来激发了市场需求。到 2009 年，光伏市场快速复苏。此后随着市场竞争加剧，成本控制越来越重要，硅原料价格与光伏组件的价格均呈现快速下降的趋势。到 2015 年，硅原料价格已经降到 30 美元/千克以下，晶硅太阳电池组件的价格也降低到 5 元/瓦以下。在某些发达国家，光伏发电的成本已经接近或达到与常规电价持平。光伏发电即将迎来大发展时期。

对晶硅太阳电池来说，发电成本的进一步降低主要有两种途径。一种是提高电池光电转换效率。另一种是降低各环节生产成本，特别是原料成本。硅材料的成本仍然占太阳电池总成本的 1/3。因此，开展对太阳电池用硅材料的研究和开发至关重要。国内外关于晶硅材料的研究主要集中在以下几个方面：①高纯硅原料提纯技术；②晶硅生长技术；③硅片切割技术及相关的设备和辅料开发，近年不断取得技术进展。

一、高纯硅原料提纯技术

硅是最重要的半导体材料，熔点为 1420 摄氏度，密度为 2.34 克/厘米³。硅在地壳中主要以石英砂或硅酸盐形态存在。工业上主要采用碳热还原法将硅石（石英砂，主要成分为二氧化硅）还原成单质硅，硅含量达 95% ～ 98%，一般称为金属硅或工业硅。2017 年，中国金属硅的产能和产量都居世界第一位，约占国际市场的 60% 份额。

由于半导体产业对硅纯度的要求非常高，如光伏产业纯度最低要求 99.9999%（6N）以上，微电子产业硅纯度要求 9N 以上。高纯硅的提纯一般采用化学法，主要有改良西门子法、硅烷法和流化床法和物理冶金法 [7]。由于太阳能级硅的纯度要求相对较低，近年来人们在物理（冶金）提纯法方面进行了大量的研究和产业实践。物理（冶金）提纯法在理论上和实验室范围内可以将硅材料提纯到 6N 左右，是一种值得高度关注的具有颠覆性的低成本技术，对于晶硅太阳电池制备成本的降低具有重要意义。但是在规模生产上，只能将硅材料提纯到最高 5N 级别，因此需要在理论上和工艺上做进一步深入的研究。

（一）改良西门子法

改良西门子法最初是西门子公司在 1954 年发明的三氯氢硅氢还原法。工艺流程包括以下几个步骤：首先，让盐酸与硅反应生成三氯氢硅和氢气及其他副产物；其次，将三氯氢硅进行多次分馏提纯，获得高纯三氯氢硅；最后，在氢气气氛下加热分解三氯氢硅，在硅芯棒上沉积形成高纯多晶硅材料。工艺的核心在于三氯氢硅沸点低（305 摄氏度）。这样可以通过分馏分离工艺，在较低温度下获得高纯度的多晶硅材料。反应过程中会产生多种副产物，如氢气、盐酸、二氯氢硅、四氯化硅等。其中四氯化硅的产生量最大，远超过高纯硅三氯氢硅，而且毒性较大、腐蚀性强，处理不当会对环境产生严重影响。因此，提高原材料的利用率和反应副产物（尤其是四氯化硅）的尾气处理工艺是改良西门子技术的关键。当前，处理四氯化硅有两种主要的技术途径，分别为热氢化工艺和冷氢化工艺。

20 世纪 80 年代开发的冷氢化工艺是一种高压低温氢化工艺，具有相对能耗低、成本小、产出高的优点，该工艺在美国联合碳化合物（Union Carbide）公司实现了产业化，目前在 REC 公司[1]的多晶硅提纯厂中运行。冷氢化工艺的主要反应式为：

$$Si + 2H_2 + 3SiCl_4 === 4SiHCl_3（主反应）\tag{3-1}$$

$$SiCl_4 + Si + 2H_2 === 2SiH_2Cl_2（副反应）\tag{3-2}$$

$$2SiHCl_3 === SiCl_4 + SiH_2Cl_2（副反应）\tag{3-3}$$

冷氢化工艺的优点在于反应温度较低（约 500 摄氏度），能耗低、投资小，但是反应过程中需要加入硅粉，而且操作气压较大，对仪器的密封和操作要求高，如果带入杂质，会降低硅料品质。20 世纪 90 年代，为了满足更高纯度半导体产业用硅需求，人们又开发出了高温低压氢化工艺（简称热氢化工艺），其反应式为：

$$SiCl_4 + H_2 === SiHCl_3 + HCl\tag{3-4}$$

---

① 可再生能源集团旗下的硅材料公司。

热氢化工艺的反应过程不需要添加硅粉，也不需要催化剂，因此设备操作难度低，且反应气压较冷氢化工艺低，对设备要求也低。因为没有额外的杂质引入，其后续的精馏提纯工艺也较易实施，产出的硅料纯度高。但是，热氢化工艺的反应温度在 1200 摄氏度以上，单位生产的能耗较高，氢化环节的电耗量是冷氢化工艺的 2 倍以上。因此为了降低成本，太阳能级硅提纯工艺更多采用冷氢化工艺。

由于采用了氢化循环再利用副产物的技术，采用冷氢化工艺和热氢化工艺提纯高纯多晶硅基本都可以实现闭路循环生产，这种方法被称为改良西门子法。相比于传统的西门子法，改良西门子法具有污染小、能耗低、成本低的优势，是当前国内外高纯多晶硅料生产的最主要方法，占据 90% 以上的市场份额。采用此法生产高纯多晶硅料的主要国外生产厂家包括挪威 REC、德国 Wacker、美国 Sunedison 等；我国的主要企业包括保利协鑫能源控股有限公司、新疆大全新能源股份有限公司、新特能源股份有限公司、洛阳中硅高科技有限公司等。目前，国内主要多晶硅材料企业的生产线大多陆续完成了冷氢化工艺技术改造，大幅降低了能耗和生产成本，使得国内多晶硅原料的成本和技术水平可以与国外产品直接竞争。

目前，设备大型化、提升产能、降低消耗是该技术的主要发展方向。多晶硅还原沉积炉中 36 对硅棒、48 对硅棒已经成为产业主流，60 对硅棒技术也在研究中。另外，冷氢化系统的大型化、高效精密精馏提纯、节能尾气干法回收系统及固残液、尾气再回收等技术是研究开发的重点。

（二）硅烷法 [8]

1956 年，英国标准电讯实验研究成功采用硅烷热分解制备多晶硅的方法，称为硅烷法。随后，日本石冢电子株氏会社、日本小松公司、美国联合碳化物公司也都开发出硅烷法制备多晶硅的技术。其主要原理是：硅烷在一定温度下分解形成高纯硅颗粒，而技术的关键在于如何获得高纯硅烷。目前国际上硅烷生产的主要技术路线有以下几种：三氯氢硅歧化反应法、氢化铝纳还原四氟化硅法、硅化镁法（小松法）及烷氧基硅烷法等。

其中，三氯氢硅歧化反应法是利用氯硅烷在一定条件下反应生成硅烷，是传统硅烷的生产方法。近年来，人们利用三氯氢硅歧化反应制备硅烷，其技术途径可以将改良西门子法和流化床法有机结合起来，成为重要的技术路线。另外，美国 MEMC 公司研发了利用氢化铝钠还原四氟化硅生产高纯硅烷的技术路线，可以避免氯硅烷对产物的污染。硅化镁法是早期日本小松公司采用的方法，我国浙江大学硅材料国家重点实验室也在 20 世纪 50 年代在国内独立开发出类似的方法，制备了高纯硅烷及高纯多晶硅，并在国内推广应用[8]；这种方法工艺成熟，成本较低，已经成为我国生产硅烷的主要技术。近年来，浙江衢州鼎盛化工科技有限公司和保定六九硅业有限公司建立了 3000 吨以上硅烷法制备多晶硅的生产线，洛阳中硅高科技有限公司等多家企业也实施硅烷棒状电子级多晶硅技术研究及产业化，但是产业化过程进展不是很顺利，还没有大规模地生产。

（三）流化床法

这种方法是在硅烷法的基础上对传统的硅烷还原炉进行改进，将制得的硅烷气通入加有小颗粒硅粉的流化床反应炉内，进行连续热分解反应，生成粒状多晶硅产品。因为在流化床反应炉内参与反应的硅颗粒表面积大，硅烷分解效率高，所以电耗低、成本低，适用于大规模生产。缺点在于，产品纯度不如改良西门子法生产的产品，一般不适用于电子级多晶硅产品，但可以满足太阳能级多晶硅原料的要求。流化床法最初由美国联合碳化物公司开发。目前，美国 Sunedison、德国 Wacker、挪威 REC 等公司采用流化床法生产颗粒多晶硅原料。我国徐州保利协鑫能源控股有限公司也建立了 3000 吨的硅烷流化床生产线，2015 年已经进入调试状态；陕西天宏硅材料有限责任公司也通过引进技术，采用三氯氢硅歧化硅烷制备技术和单炉设计产能 1300 吨 / 年粒状多晶硅的流化床反应器，正在实施建设。

（四）二氯二氢硅还原法

由美国 Hemlock 公司开发的二氯二氢硅还原法主要可以分为二氯二氢硅的制备、提纯和分解三个步骤。

制备采用如下反应：

$$2SiHCl_3 \Longrightarrow SiH_2Cl_2 + SiCl_4 \qquad (3-5)$$

提纯同样采用分馏技术，然后将高纯的二氯二氢硅在一定温度下分解，反应生成高纯硅：

$$6SiH_2Cl_2 \Longrightarrow 4Si + SiHCl_3 + SiCl_4 + 3H_2 + 5HCl \qquad (3-6)$$

（五）物理冶金技术提纯多晶硅

物理冶金技术是一种低成本太阳能级硅提纯技术，技术途径较多。例如，1996 年日本川崎制铁株式会社在日本新能源产业技术综合开发机构支持下开发出由冶金级硅提纯生产太阳能级硅的方法。该方法采用电子束和等离子冶金技术结合定向凝固。但是，由于制备能耗较高，硅纯度也不能满足光伏产业的需求。近年来，物理冶金技术制备多晶硅的研究和产业化都处于停滞状态。

二、晶硅生长技术

从高纯硅原料到太阳电池，一个重要的中间环节是单晶硅或多晶硅的制备。

（一）硅的单晶制造

单晶硅的制备有直拉法（Czochralski，Cz）和区熔法（Float Zone，Fz）两种技术路线。其中，区熔硅单晶质量好、杂质含量低，但是成本较高，一般不用于太阳电池用单晶硅的大规模生产。

直拉单晶法是利用旋转着的籽晶从石英坩埚内熔融硅熔液中提拉制备单晶硅。工艺过程为：经过籽晶浸入、熔接、引晶、放肩、转肩、等径、收尾和冷却等步骤完成一根单晶硅锭的制备。太阳电池工业所用单晶硅棒的直径通常为 6 英寸① 或 8 英寸，拉晶速度在 1 毫米/分钟左右。与电子级直拉硅单晶棒的制备工艺相比较，太阳能级直拉单晶硅制备的热历史较短，硅中的原生氧沉淀（特别是小尺寸氧沉淀）量的减少，使得硅片的机械强度较小。

近年来，太阳能级直拉单晶硅工艺的研究重点主要集中在以下几个方面：

（1）提高拉晶速度。较高的拉晶速度可以节约电力、人力等，有利于降低成本。但是在较高的拉晶速度下，直拉晶硅中易产生高密度的晶体缺陷。根据晶体生长理论可知，控制此类缺陷的关键在于控制晶体生长速度和固液界面处固界面生长方向温度梯度的数值。高速拉晶需要大的过冷度。因此在高速拉晶工艺中，探索较高晶体生长速度和界面温度梯度的工艺匹配，是获得低成本、高质量太阳能级直拉单晶硅的重要内容。例如，浙江晶盛机电股份有限公司采用水冷套技术增大温度梯度，在 8 英寸单晶硅棒制备中实现平均拉晶速度大于 1.1 毫米/分钟，在 6 英寸单晶硅棒制备中实现平均拉晶速度大于 1.40 毫米/分钟，较传统拉晶工艺提高 30% 以上的效率。西安交通大学刘立军研究组通过数值模拟方法，设计了有效的传热控制和强化技术，得到既可以显著提高拉晶速度又可以保持平坦的固液界面形状的温度梯度，从而保证晶体质量 [9]。

---

① 1 英寸 =2.54 厘米。

（2）多次或连续投料技术。直拉单晶法受限于坩埚和热场尺寸，一次投硅料在 100 千克以下。如果在拉晶过程中实现多次或连续投料，则既可以减少坩埚使用，也可以节省电力、人力等生产成本，同时显著提高生产效率。近年来，国内多家企业研发多次或连续投料技术，如西安隆基硅材料股份有限公司、江苏华盛天龙光电设备股份有限公司、海润光伏科技股份有限公司、河北晶龙阳光设备有限公司和浙江晶盛机电股份有限公司等。由于随着晶体生长时间的增加，石英坩埚面临破裂的风险，因此该技术对石英坩埚的质量也提出了更高的要求；另外，多次或连续投料技术对投料装置设计、炉体结构和热场结构等都提出了更高的要求，其产业化技术还没有成熟，也没有厂商在实际生产中大规模应用。

（3）掺镓单晶生长技术。p 型硅太阳电池一般选用掺硼直拉单晶硅作为 p 型基体。由于硼会和硅中的氧形成 B-O 复合体，产生光致衰减现象，因此会导致太阳电池的光电转换效率下降。为了避免 B-O 复合体的产生，可以利用镓元素代替硼元素作为电活性掺杂剂，制备掺镓单晶棒[10]。研究表明，掺镓 p 型硅太阳电池可以明显降低电池器件的光致衰减。另外，镓在硅中的分凝系数远小于硼，导致直拉硅单晶棒头部到尾部的电阻率相差较大，不仅尾部的晶硅电阻率超标，不能使用，而且在坩埚的剩余尾料中镓浓度很高，无法重复利用，导致生产成本增加。因此，如何提高镓元素在单晶硅棒中的均匀分布，实现电阻率的均匀一致、有效提高晶体得率成为掺镓直拉硅单晶制备工艺的难题。

（4）掺锗单晶生长技术。硅晶体中掺锗不影响硅晶体的电学性能，但是可以有效地抑制 B-O 复合体产生，降低光致衰减现象，提高单晶硅太阳电池光电转换效率的稳定性。同时，锗原子可以钉扎位错，提高硅片的机械强度，降低硅片加工和电池工艺中的碎片率。浙江大学硅材料国家重点实验室发明了掺锗直拉单晶硅技术，并进行了系统研究，拥有相应的技术专利[11]。目前这一技术已经应用于相关企业的批量生产。

（5）n 型直拉单晶硅生长技术。早期太阳电池主要应用于航天领域，多采用抗辐照能力强的 p 型晶硅，因此 p 型晶硅太阳电池技术发展比较成熟，是目前产业化晶硅太阳电池制备的主流技术。但是，对于地面用高效晶硅太阳电池，n 型晶硅更具有优势。表现在：①n 型硅太阳电池不存在由于 B-O 复合体导致的光致衰减，光照下电池性能稳定。②n 型硅少子寿命一般在几百微秒，甚至可达 1 毫秒，而 p 型硅少子寿命一般在几十微秒，因此 n 型硅具有更高的少子寿命。理论表明，更高的少子寿命使太阳电池具有更高的光电转换效率。③ n 型晶硅对金属杂质相对不敏感，工艺窗口较宽，批量生产的电池容易达到更高的光电转换效率。因此，近年来 n 型直拉硅单晶的研究、开发和应用成为热点。目前，国际上实验室高光电转换效率太阳电池记录大多采用 n 型晶硅太阳电池，如日本松下的 HIT 电池技术、美国 Sunpower 的叉指背接触结构电池（IBC）技术等。但是，由于用分凝系数较小的磷作为掺杂源，n 型单晶硅棒头尾电阻率相差较大，这就要求在拉制硅棒过程中要调整工艺参数。另外，固液界面的凹凸也会使硅晶体径向电阻率分布不均匀，因此对热场的设计也更严格。由于 n 型晶硅太阳电池的制备成本较高，因此其市场份额还较小。目前，国内 n 型直拉单晶硅生长技术研究和生产的主要单位有浙江大学、西安隆基硅材料股份有限公司、上海卡姆丹克太阳能科技有限公司和天津中环半导体股份有限公司等。

（二）硅的多晶铸造

直拉单晶硅制备的太阳电池具有光电转换效率高的优点，但也存在成本高、能耗高等缺点。因此，人们发展了铸造多晶硅制备技术。这种技术可以追溯到 20 世纪 70 年代，其避免了昂贵的拉制工艺。目前国外太阳电池材料中，铸造多晶硅约占到 60%，是主要的太阳电池材料。

通常，铸造多晶硅是利用定向凝固的布雷兹曼（Bridgeman）技术生产的，硅的熔化和凝固都在一个坩埚内完成[12]。在结晶过程中，要保持尽量平的固液界面，能够减小晶体内部应力，同时慢的冷却速度能够降低多数有害杂质的浓度，最终形成柱状晶体结构。图 3-1 是铸造多晶硅晶体生长的示意图。从图中可以看出，硅材料的融化和结晶都是在一个有氮化硅涂层的石英坩锅中，通过缓慢地向上移动感应加热室或缓慢地向下移动石英坩埚，使液态多晶硅从坩埚底部开始结晶，并使固液界面逐渐向上移动，直至熔硅完全结晶。

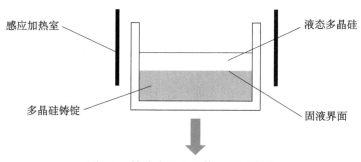

图 3-1　铸造多晶硅晶体生长示意图

目前，铸造多晶硅的研究和进展主要有：

（1）大体积、低应力硅锭的铸造。从 2005 年左右开始，多晶硅铸锭的尺寸逐渐变大，从 G4[①] 晶锭发展到 G5、G6 晶锭，成为产业主流。国内铸锭炉生产厂家，如江苏华盛天龙光电设备股份有限公司、浙江晶盛机电股份有限公司、北京京运通科技股份有限公司和浙江精工科技股份有限公司等，都已有 G6 的炉型在量产，国内企业多采用 G6 铸锭炉；2013 年，G7、G8 晶锭技术也已经成熟，北京京运通科技股份有限公司在 G7 炉型的研发上也取得了一定的突破，技术改造升级为 G7 铸锭炉，可以在不大幅增加设备投入的基础上实现产能提高。高纯多晶硅原料的投料量相应地从 240 千克增加至 450 千克、800 千克、1200 千克甚至 1500 千克。更大的铸锭尺寸意味着更高的产能、更低的单位能耗，从而降低铸造多晶硅的单位成本。

（2）n 型硅掺杂与铸造技术。与 n 型直拉单晶硅一样，n 型铸造多晶硅也存在电阻率从晶体底部到晶体头部不均匀的问题，部分晶锭部位的电阻率不能完全符合太阳电池最佳电阻率的要求，导致实际可用晶锭减小，实际成本增大。另外，n 型多晶硅铸造电池工艺仍然处于试验阶段。

（3）掺锗多晶硅铸造技术。浙江大学硅材料国家重点实验室在国际上首次提出掺锗多晶硅铸造技术及拥有专利技术[13]，并与企业合作，实现了产业化。在掺锗铸造多晶硅中，由于微量锗原子的作用，可以增加硅片机械强度，降低电池加工碎片 20% 以上，降低了生产成本。

（4）掺镓多晶硅铸造技术。该技术是采用镓元素替代硼元素作为掺杂剂，降低了 B-O 复合体的产生，避免了由此导致的光致衰退问题。2015 年，江苏协鑫有限公司推出相关产品"鑫多晶 S4"，表明掺镓技术已经步入产业化。但是，镓分凝系数引起的相关问题仍然需要克服。

（5）铸造类（准）单晶技术。铸造类（准）单晶技术也是目前的一个研究热点，其核心思想是在坩埚底部铺设硅单晶作为籽晶，然后在此基础上外延生长类似单晶结构的铸造多晶硅，称为 Mono-like 铸造多晶硅（国内一般称为铸造类单晶或铸造准单晶），其太阳电池光电转换效率比普通铸造多晶硅明显提高。1979 年 T. F. Ciszek 等首先报道铸造准单晶技术，2006 年 BP solar 公司开发了相关的铸造准单晶产品。但随着 BP solar 公司终止运营、专利技术转让，相关技术的发展即处于停滞状态。2010 年前后，铸造类（准）单晶的研究和开发重心转移到国内。2009 年，浙江大学硅材料国家重点实验室申请相关多项发明专利[14]，国内企业也相继展开技术和设备研究，如浙江

---

① G 后面的数字代表能切出的小方锭数目，如 G4 铸锭能切出 4×4 个多晶硅方锭。

昱辉阳光能源有限公司、晶澳太阳能有限公司等，浙江精工能源集团有限公司、美国 GT Solar 公司、北京京运通科技股份有限公司、德国 ALD 真空工业股份公司等公司都可以提供类单晶硅的专门铸锭炉。目前铸造类准单晶技术还存在以下问题：利用单晶籽晶增加了成本；单晶体内位错密度高；晶锭单晶率偏低（仅有 70%～80%），晶锭四边的多晶硅影响绒面制备、表观形象等。因此，该技术还需要进一步完善和改进。

（6）高效小晶粒铸造多晶技术。采用小晶粒多晶铸造技术可以获得比普通多晶硅更高的少子寿命和电池效率，已经成为铸造多晶硅的主流技术。其技术特点是通过在坩埚底部铺设多晶硅或单晶硅碎片、硅粉、石英粉，或在坩埚底部制造多晶硅粉涂层、氮化硅粉涂层等，实现异质外延的铸造多晶硅生长。这样的晶硅晶粒小（小于 10 毫米）、尺寸均匀和位错密度低（10^4～10^6 平方厘米），能明显提高太阳电池光电转换效率。这是由于小晶粒有更大密度的垂直晶界，可以阻止位错的扩散，从而降低位错密度。在国内，江西赛维 LDK 太阳能高科技有限公司首先开发了小晶粒铸造多晶硅技术，并联合浙江大学硅材料国家重点实验室进行了技术攻关，发明了多孔坩埚、高效涂层和多籽晶诱导形核等高效铸造多晶硅的生长方法，避免了普通多晶硅自发形核的缺点，从而控制了小晶粒的尺寸和均匀性，降低了位错密度。2014 年，江西赛维 LDK 太阳能高科技有限公司推出了高效多晶硅片产品 M3。经检测，该产品的平均电池光电转换效率达到 18.8%。目前小晶粒高效多晶硅概念已经得到广泛认可，铸造多晶硅企业纷纷开发出适合自家设备的铸锭技术，其技术路线的主要区别在于诱导成核的技术不同，如碎硅片诱导、坩埚诱导、硅粉诱导、氮化硅/硅混合诱导等。

（三）硅的带状晶生长

带状多晶硅技术可以减少切割硅片造成的硅料浪费。如果制备出的多晶硅材料质量好，那么就可以直接切割、生产太阳电池。在 20 世纪 80 年代，带状多晶硅的制备引起了整个光伏产业极大的关注，有 20 多种生产方法被提出并进行研究。目前主要有 5 种方法被重点研究，分别为 EFG 法[15]、SR 法[16]、RGS 法[17]、SSP 法[18] 和 RTR 法[19]，其中前两种方法还实现了实际大批量生产。但是带状生长的多晶硅片普遍存在大量的位错和晶界等缺陷、表面不平整不利于加工、在空气中生长含有较多氧杂质等问题，其电池效率始终很难提高，难以与传统的铸造多晶硅片竞争。例如，美国 Evergreen Solar 研究开发了 EFG 技术，并试图和国内的武汉珈伟光伏照明有限公司合作产业化，但是最终没有实现。

（四）晶硅的其他生长方法

近年来，一些比较独特的晶硅生长方法也被提出。例如，美国 1366 Technologies 公司提出的 "Direct Wafer" 技术。其原理是在熔融硅液表面产生固定形状的冷源，从而使硅液表面直接结晶形成多晶硅片。其优势在于不需要后续的切片步骤，硅片破损和能耗都较低，可以将硅片成本降到原先的一半。利用 "Direct Wafer" 技术的无切割 156 毫米多晶硅片制备 PERC 电池的光电转换效率达到 19%。另外，美国 Crystal Solar 公司开发 "Direct Gas to Wafer" 技术，以多孔硅作为衬底，采用气相外延来直接制备单晶硅片，硅片厚度在 20 ～ 200 微米，可以在外延阶段制备 p-n 结，从而节省一半的硅材料用量、一半的能耗及一半的成本。这种硅片已经获得超过 24% 的实验室光电转换效率。

三、晶硅的切片

在晶硅太阳电池制备工艺中，首先需要将晶硅切割成一定厚度的硅片，如 180 微米、160 微米等。因此，硅片切割是晶硅加工的重要工艺过程，硅片的厚度和成品率对于电池器件成本的控制也非常重要。

（一）内圆切割技术

内圆切割技术利用薄的不锈钢圆盘，在中间内圆开孔，并在内圆孔边缘镶嵌金刚石颗粒，形成刀片。在切割时，刀片高速旋转，将固定在内孔内的待加工晶锭缓慢上升，切割硅片。内圆切割稳定性好，可以切割 8 英寸的硅片，是曾经广泛应用的晶硅切割技术。但是，由于内圆切割刀片具有一定的厚度，切割缝隙较大（300 微米左右），切痕严重，硅片损伤层厚度也较深，同时切割损耗较大。近年来，内圆切割技术已经逐渐被淘汰。

（二）砂浆线切割技术

砂浆线切割技术是采用合金钢线切割硅锭的一种先进技术。合金钢线缠绕在槽距确定的导轮上，可以根据需要切割的硅片厚度选择合适的槽距。钢线由导轮带动循环往复位移，对硅晶体形成摩擦切割力。由于硅晶体的机械强度较大，需要加入含有碳化硅颗粒的切割辅助浆料，一般为聚乙二醇溶液。最终，通过碳化硅颗粒在钢线移动作用下与硅材料形成摩擦，从而达到切割硅锭的目的。

砂浆线切割技术是硅片切割的主流技术，成本低，切割效率高，硅片表面平整度高，损伤层小于 10 微米，可以在普通工艺条件下切割出 160 微米甚至更薄的硅片。当前线切割技术发展已经比较成熟，国内也有相应的设备开发出来。其主要的研究方向是：碳化硅和聚乙二醇溶剂的回收再利用、超薄硅片切割（厚度低于 140 微米）。

（三）金刚线切割技术

金刚线切割技术是在砂浆线切割技术基础上发展起来的新一代硅片切割技术。它的技术核心是利用强度高的金刚石颗粒磨料镶嵌在切割钢线表面，从而避免使用碳化硅辅助浆料。早在 1974 年，Meehls 等就提出了利用金刚石线锯切割半导体材料的思路。此后，Schmid 和 Smith 等利用金刚石线锯对多晶硅锭进行了切片研究。随着光伏产业的迅猛发展，金刚线切割引起了众多关注，多家国内外企业正在开发相关设备和技术。从 2015 年以来，金刚线切割在单晶切片领域已经得到大规模应用，特别是在日本晶硅企业中的大规模应用，国内西安隆基硅材料股份有限公司等企业也已经采用金刚线技术切割单晶硅片。此外，在多晶硅锭的开方上很多企业也采用金刚线切割。金刚线切割不需要有机溶剂和碳化硅切割辅料，只需要用去离子水冷却，切割速度是普通线切割的 2 ～ 3 倍。这些优势大大降低了金刚线的切割成本。据测算，当前如果大规模采用金刚线切割，可节省成本 0.30 ～ 0.50 元/片硅片。因此，金刚线切割是硅片切割的未来发展趋势。

当前，金刚石颗粒镶嵌钢线分电镀金刚线和树脂金刚线两种。电镀金刚线是把金刚石颗粒通过电镀的方式镶嵌在钢线上，吸附力强，金刚石颗粒棱角突出，切割能力强、速度快。而树脂金刚线是利用有机树脂在钢线上黏合金刚石颗粒，吸附力较弱，金刚石被树脂覆盖，棱角露出少，切割力较电镀金刚线弱。无论采用何种方式镶嵌，金刚线的成本都高于普通合金钢线，如何降低成本是目前的关注重点。相比较而言，树脂金刚线已经实现国产化，其成本下降很快，有望迅速扩大市场份额。

铸造多晶硅片的金刚线切割还没有实现大规模产业化，其遇到的问题主要是：

（1）易断线。由于铸造多晶硅中存在碳化硅、氮化硅等硬质点，利用金刚线切割多晶硅锭过程中遇到硬质点容易发生断线，造成返工甚至报废，成本上升。

（2）金刚线切割硅片的制绒效果差，与现有太阳电池工艺兼容性差。由于金刚线硬度高，切割时对硅片造成明显线痕，但损伤层浅，这使得铸造多晶硅片制绒时采用传统的酸腐蚀工艺效果不理想，需要研发新型配合金刚线切割的腐蚀制绒工艺，才能保证金刚线切割硅片能够大规模应用。这方面工作有多家单位正在进行。例如，日本 JET 已推出了金属银辅助方法的酸制绒设备，可有效实现金刚线切割多晶硅片的制绒；又如，苏州阿特斯太阳能光电有限公司与苏州大学合作也开发出类似的银辅助催化腐蚀技术，并已经实现小批量产业化。

（四）电火花切割技术

苏联拉扎林科夫妇研究发现，电火花的瞬时高温可以使局部的金属熔化、氧化而被腐蚀掉，从而发明了电火花加工方法。近年来，电火花切割开始应用于硅晶体切割。研究重点主要是如何降低硅的电阻率、增加导电性，如采用镀镍、镀铝等技术手段改善金属与硅之间的放电。国外研究单位主要为日本冈山大学、东京农工大学等；国内主要有台湾大学、浙江大学、南京航空航天大学等机构。其中，南京航空航天大学研发的大尺寸超薄硅片放电切割技术可以达到 600 毫米/分钟的切割效率。电火花切割硅片技术目前还未成熟，切割获得的硅片表面损伤情况较复杂，需要进一步提高硅片的质量。

（五）离子注入剥离技术

离子注入剥离技术是半导体产业传统技术，主要用来进行掺杂、表面处理、多孔硅制作和 SOI 硅片制作等。该技术通过高能离子（氢、氮、氧等）入射硅片表面，在近表面形成离子注入层，通过后续退火处理，获得所需要的离子注入层。利用这种技术，可以通过离子注入氢气。通过热处理，使得氢离子结合成氢分子，体积增大，导致硅键断裂，最终使得氢离子注入层以上的近表面硅材料被撕裂，获得超薄的硅片甚至硅薄膜。但是，这种技术设备昂贵、成本很高，还未见大规模用于太阳电池用硅片的切割。

硅晶体材料是硅太阳电池的基础材料。在微电子用硅晶体材料研究和开发的基础上，针对太阳电池制备的特点，太阳电池用硅晶体材料在过去 20 多年得到了长足的发展。如何进一步降低材料成本、能耗和实现环保生产，如何能进一步提高晶体质量是当前的研究重点。而下一阶段产业化的重要突破方向是：大尺寸高速多次加料单晶硅生长技术、大尺寸铸造类（准）单晶铸造技术和铸造多晶金刚线切割技术。

第二节 薄膜太阳电池

一、高效硅基薄膜四结叠层电池研究

为满足高效多结硅基叠层电池子电池带隙组合的要求，以实现对太阳光谱的有效利用，对具有合适带隙兼顾光电性能的子电池本征层材料的选择极为重要。在带隙工程和器件设计的指导下，重点开展高效宽带隙顶电池、中间带隙子电池和窄带隙底电池的研究，为四结叠层电池中子电池本征层提供多种带隙选择。

（1）高质量 a-Si:O 材料及电池的研究。为了进一步提高硅基薄膜叠层电池的光电转换效率，需要发展宽带隙材料作为顶电池吸收层，以提高电池的开路电压，并增强对短波光的利用。其中本征非晶硅氧材料是具有良好应用前景的候选之一。拟采用等离子体增强化学气相沉积法（plasma enhanced chemical vapor deposition，PECVD）方法以二氧化碳作为氧源进行硅氧材料的制备，并针对其材料特性及其在电池中作为吸收层的应用进行研究。

（2）带隙可调高质量 a-硅锗材料及电池研究。基于高效四结叠层电池器件模拟，探寻适于高效电池用硅锗薄膜材料；通过引入锗源气体进入硅烷等离子体辉光腔室中，获得硅锗薄膜材料。

（3）研究制备器件质量的 uc-硅锗材料及电池。通过调控宏观沉积参数，获得器件质量的 uc-硅锗材料，研制高性能的 uc-硅锗底电池。

（4）多结叠层电池中隧穿结的优化研究。探寻多结叠层电池开路电压损失的原因，引入高复合、低光学损失的高掺杂材料，以实现多结叠层电池的低损失隧穿结特性。

（5）优化四结硅基薄膜太阳电池的各子电池，实现光电转换效率 20% 以上硅基薄膜叠层太阳电池。

二、高效碲化镉薄膜太阳电池及产业化研究

碲化镉属于 II-VI 族化合物半导体，具有直接带隙，带隙宽度为 1.50 电子伏左右，与太阳光谱非常匹配，且具有较高的光吸收系数，非常适合光电能量转换，理论的光电转换效率达到 28%。这使得碲化镉薄膜成为引人注目的太阳电池吸收层材料。近年来，碲化镉薄膜太阳电池的发展迅速，认证的

光电转换效率已经达到 21.50%。美国第一太阳能公司在碲化镉薄膜太阳电池生产成本方面控制得非常好，这是他们成功的根本，也是目前和未来碲化镉薄膜电池在薄膜太阳电池领域中最大的竞争优势。目前，美国第一太阳能公司薄膜电池的发电成本不需要政府补贴，低于传统电力上网成本。另外就是量产优势，其工艺相对简单，自动化程度高，薄膜淀积速率快，适应于快速批量生产，且能耗低。

碲化镉薄膜太阳电池的诸多关键科学问题值得去探索和突破：

（1）复合或新型窗口层在 400 纳米处的量子效率高于 85%。改善电池在短波方向的吸收。

（2）大晶粒、低晶界势垒的碲化镉吸收层制备技术，使碲化镉吸收层少子寿命高于 30 纳秒，载流子浓度高于 1×10^{15} 每立方厘米。

（3）新型复合背接触层，与碲化镉价带的转移值接近于零，进一步降低电压损失。

（4）窄带隙材料插入层的研制及其在太阳电池上的应用，带隙在 1 ～ 1.35 电子伏间可调，长波响应扩展到 1000 纳米以外。

（5）具有中间带的 II-VI 族化合物半导体多晶薄膜太阳电池研制，具有单带差超晶格的 II-VI 族化合物半导体多晶薄膜太阳电池的研制，具有自发极化的 II-VI 族化合物半导体多晶薄膜太阳电池的研制。

（6）能制造 0.72 平方米组件的蒸汽输运法连续沉积碲化镉薄膜设备的设计及制造，产能大于 30 兆瓦 / 年。

（7）新型复合窗口层的大面积制备设备的设计与制造，产能可与 30 兆瓦 / 年匹配。

（8）新型复合背接触层的大面积制备设备的设计与制造，产能可与 30 兆瓦 / 年匹配。

三、高效铜铟镓硒薄膜太阳电池研究

（一）多 p-n 结和梯度带隙铜铟镓硒薄膜太阳电池研究

单结或单一禁带太阳电池难以对光谱中不同能量光子都进行充分吸收并且有效利用。虽然单结单一禁带铜铟镓硒薄膜太阳电池的最高光电转换效率已经达 21.7%，但要进一步大幅提高电池效率，则需进行多结或梯度带隙结构吸收层设计，以提高电池对不同能量太阳光子的吸收利用效率。

针对多结太阳电池设计和研究，需要解决的主要问题包括：①不同子电池禁带宽度及厚度设计，合理匹配太阳光谱；②子电池与子电池之间电流传输层设计；③解决制备工艺的兼容性问题。

针对梯度带隙电池设计，最常采用的方法是通过调整铜铟镓硒薄膜太阳电池中铟和镓元素的比例连续调节铜铟镓硒吸收层的禁带宽度。其中需要解决的主要问题包括：①理论上最优带隙结构设计，需要综合考虑由于成分变化引起的材料光学及电学性能变化；②梯度带隙电池制备工艺选择及工艺优化。通过以上物理问题及工艺优化，可以进一步提高电池效率。从研究结果来看，采用四元铜铟镓硒靶溅射制备梯度带隙吸收层才能真正获得所需的正梯度带隙分布（从顶到底厚度方向带隙由大变小的分布）的吸收层。

（二）碱金属元素对铜铟镓硒性能的影响

碱金属元素包括锂、钠、钾等。钠元素微量掺入被认为具有提高空穴浓度、增加少子寿命、钝化晶界缺陷、促进硒化钼（$MoSe_2$）的形成等有利作用。虽然大量实验研究表明微量钠元素的掺入有利于提高电池开路电压及填充因子，但是其具体机制机理仍有广泛争议，且最优掺入量尚不明确。因此，需要解决的主要问题包括：①钠元素引入方式选择及最优掺杂量确定；②钠元素在铜铟镓硒吸收层内部、铜铟镓硒/钼（CIGS/Mo）界面及铜铟镓硒表面分布状况；③钠元素对薄膜晶体生长、载流子浓度、体缺陷、界面成分、界面相结构及界面缺陷的影响，最终对电池载流子的复合机制的影响。

过去普遍认为，锂、钾元素的作用与钠元素的作用相当，但是效果不如钠显著，因此对于锂、钾元素的研究关注较少。开展关于锂、钾元素等需要解决的主要问题包括：①锂、钾元素引入方式选择及最优掺杂量确定；②锂、钾元素在铜铟镓硒吸收层内部、铜铟镓硒/钼界面及铜铟镓硒表面分布状况；③锂、钾元素对铜铟镓硒吸收层铟、镓互溶性的影响。在对锂、钾元素的影响研究方面，难点在于研究其对铜铟镓硒吸收层铟、镓互溶性的影响。

（三）铜铟镓硒薄膜太阳电池界面缺陷研究及缺陷钝化技术开发

铜铟镓硒薄膜太阳电池中的关键界面复杂，在实验研究中发现某些情况下界面复合成为制约电池效率的关键因素。然而，过去铜铟镓硒的研究主要集中在吸收层体材料特性，很少关注铜铟镓硒/硫化镉（CIGS/CdS）界面和钼/铜铟镓硒（Mo/CIGS）界面状况，更加缺乏有效的界面缺陷钝化技术。因此，需要解决的主要问题包括：①界面成分及界面相结构剖析；②界面缺陷形成机制及其对电池性能的影响机理；③开发有效的缺陷钝化技术。在界面缺陷研究方面，难点在于界面的物理分离及缺陷形成机制研究，需要借助透射电子显微镜进行微区成分及结构分析，从而获得缺陷类型，认识缺陷理化特性，为进一步的缺陷钝化技术开发打下基础。

（四）新型环保高效无镉缓冲层的开发研究

在高效率铜铟镓硒薄膜太阳电池制备过程中通常使用硫化镉作为缓冲层。含镉缓冲层的使用对铜铟镓硒发展存在潜在制约。另外，硫化镉禁带宽度为 2.40 电子伏，不利于短波谱段的光生电流收集。随着硫化镉层厚度或硫化镉薄膜中缺陷密度（$> 10^{17}$ 立方厘米）的增加，不仅会降低短路电流密度短路电流，还会使 $CuInSe_2$ 和低镓含量铜铟镓硒薄膜太阳电池出现明显的 J-V 曲线扭曲现象。另外，工艺过程中含镉废水的排放及报废电池中镉的流失均造成环境污染，这是使用硫化镉缓冲层的缺点。因此，开发无镉宽禁带材料具有良好的发展前景。常见无镉宽禁带材料有 In_2S_3、ZnS(O, OH)、Zn(O, S, OH)$_x$、(Mg, Zn)O。但是，这些替代材料的引入通常降低了电池效率，主要是由于这些材料在与吸收层构成 p-n 结时通常出现能带带阶不匹配的现象。能带带阶不匹配的现象可以通过调整吸收层成分（如调整铟与镓的比例）或缓冲层成分［如调整 (Mg, Zn)O 中镁与锌的比例］抑制或消除。因此，为解决无镉缓冲层能带不匹配及其他问题，进一步提高电池短路电流，需要开展相关方面的系统性研究。需要解决的主要问题包括：①具有高结晶质量及低缺陷密度无镉缓冲层工艺制备及最佳薄膜厚度选择；②吸收层铜铟镓硒与无镉缓冲层能带匹配及晶格匹配问题；③无镉缓冲层与窗口层能带匹配及晶格匹配问题。在对无镉缓冲层研究方面，难点在于具有高结晶质量薄膜的获得及能带带阶的测量。

（五）柔性衬底铜铟镓硒薄膜太阳电池研究

相比于玻璃衬底而言，柔性衬底的选用带来了很多新的优点：①可以卷曲；②电池厚度很薄、质量轻；③性能稳定、光电转换效率高；④使用的半导体材料少，有效地降低了原材料的成本；⑤生产过程中能耗少；⑥易于卷对卷（roll-to-roll）大面积连续生产、便于携带和运输。

对于聚合物衬底（PI）而言，差的热稳定性及过高的热膨胀系数均为应用的难点。针对聚合物衬底柔性太阳电池而言，需要解决的主要问题包括：①耐温聚合物衬底材料（耐温高于 500 摄氏度）开发制备；②低温（低于

450 摄氏度）沉积工艺开发；③热膨胀系数居于铜铟镓硒及聚合物衬底间的中间过渡层开发。通过材料开发及工艺优化，获得能够匹配柔性衬底电池效率的器件和相应的材料制备手段及工艺方法。

对于金属衬底（如不锈钢衬底）而言，需要解决的主要问题包括：①阻挡层材料开发设计，需要综合考虑阻挡效果、热膨胀系数匹配、热稳定性；②杂质元素扩散的机理与扩散界面杂质元素的存在形式；③杂质元素对吸收层缺陷浓度、载流子复合机制的影响。通过阻挡层材料的开发及相关物理问题的深入研究，获得能够匹配刚性衬底电池效率的器件和相应的材料制备手段及工艺方法。

（六）超薄吸收层铜铟镓硒薄膜太阳电池开发研究

铜铟镓硒薄膜太阳电池吸收层中含有贵金属铟，其在地壳中的元素丰度相对较低，成本较高。如果能够减少对铟的使用，有利于进一步降低铜铟镓硒的成本。制备电池时，铜铟镓硒吸收层的厚度约为 2 微米，如果能够在不显著降低铜铟镓硒薄膜太阳电池光电转换效率的前提下将铜铟镓硒吸收层的厚度降至 200～500 纳米，将会极大推进铜铟镓硒的产业化进程。需要解决的主要问题包括：①纳米微球材料选择、微球尺寸、分布设计及相应制备工艺的开发；②微球引入对背接触及相应的界面复合的影响；③背面钝化层材料选择、厚度选择及相应制备工艺开发。在超薄电池研究方面，难点在于纳米微球、背面钝化层的引入对界面复合影响程度的表征，需要借助变温 I-V 测试、变幅电容测试提取相关界面复合参数，从而研究结构改进后电池效率变化的深层次原因。通过以上物理问题及工艺技术的深入研究，在超薄电池（吸收层厚度 200～500 纳米）背电极微球与钝化层研究方面获得性能突出的材料体系，确定制备具有光电转换效率优势的超薄电池技术路线和关键工艺，从而进一步推进铜铟镓硒的产业化进程。

（七）关键溅射用靶材的制备

铜铟镓硒薄膜太阳电池的最高光电转换效率已经达到 21.70%，显现了良好的产业化应用前景。为加快铜铟镓硒薄膜太阳电池的产业化进程，如何提高大面积铜铟镓硒薄膜太阳电池的均匀性和光电转换效率及保证电池的成品率也是铜铟镓硒薄膜太阳电池面临的重大研究课题和难点。采用磁控溅射工艺制备铜铟镓硒吸收层和电池的方法，可以获得大面积均匀、性能稳定的高光电转换效率铜铟镓硒薄膜太阳电池，是最具产业化前景的铜铟镓硒薄膜太阳电池制备工艺方法，而该工艺方法实现的基础则是高质量溅射用铜铟镓硒、透明导电氧化物（TCO）、i-氧化锌（i-ZnO）等关键靶材的获得。

高质量铜铟镓硒靶材的制备。铜铟镓硒吸收层是铜铟镓硒薄膜太阳电池进行光子吸收的膜层。高质量、高品质铜铟镓硒吸收层的获得是保证高光电转换效率铜铟镓硒薄膜太阳电池的关键。大量研究显示，铜铟镓硒吸收层的质量与溅射用铜铟镓硒靶材的质量直接相关。因此，为获得高质量铜铟镓硒吸收层和高光电转换效率铜铟镓硒薄膜太阳电池，迫切需要对高质量铜铟镓硒靶材的制备进行系统、深入地研究，以获得具有高密实率、无裂纹、无分层、无剥落缺陷、成分均匀且具有单一相组成的高质量铜铟镓硒靶材。

涉及技术关键和难点：①铜铟镓硒靶材难以充分烧结密实化，高密实率高质量铜铟镓硒靶材获得困难。同时靶材在制备过程中经常出现开裂、分层等烧结缺陷导致靶材成品率不足。②对于产业化应用，需要米量级大小的大面积铜铟镓硒、TCO、i-ZnO靶材，大面积扁平形靶材在烧结过程中受力条件差，导致靶材的制备困难。

（八）基于富硒铜铟镓硒靶材溅射及无硒源气氛热处理的制备铜铟镓硒薄膜太阳电池新工艺

溅射铜铟镓硒靶材后热退火的工艺是获得大面积、高光电转换效率铜铟镓硒薄膜太阳电池的重要方法，也是最具产业化前景的工艺方法。由于溅射铜铟镓硒靶材制备得到的沉积态铜铟镓硒薄膜以非晶态为主，因此为获得高质量铜铟镓硒吸收层，需要对沉积态薄膜进行退火，以提高薄膜的结晶性和电学性能。但铜铟镓硒薄膜在退火过程中将出现硒元素的损失，导致退火后铜铟镓硒吸收层成分为贫硒（Se/Me＜1），进而引起薄膜电学性能的劣化甚至薄膜导电类型的改变。因此，为获得理想的具有富硒元素成分的铜铟镓硒吸收层，铜铟镓硒薄膜的退火过程需要在有毒硒源气氛中进行，以抑制硒元素的流失。

所涉及的技术难点：①为制备获得富硒铜铟镓硒靶材，要求在原有烧结用铜铟镓硒粉末体系中添加一定量的单质硒粉，但单质硒的熔点、沸点低，限制了铜铟镓硒靶材烧结温度的提高，导致靶材烧结困难。同时，单质硒的加入可能导致靶材中产生第二相，导致靶材溅射稳定性的降低。因此需要对硒元素的加入量和靶材制备工艺进行系统研究和优化，以获得高质量的富硒铜铟镓硒靶材。②初步试验结果显示，采用溅射富硒铜铟镓硒靶材后在保护气氛中退火的工艺方法可以获得富硒铜铟镓硒吸收层和相应的铜铟镓硒薄膜太阳电池。但薄膜在退火过程中的晶粒长大不充分，导致铜铟镓硒薄膜太阳电池的填充因子较低，限制了电池效率的提高。因此，如何在无硒气氛退火过程中使铜铟镓硒晶粒充分长大也是该工艺方法的难点之一。

四、铜锌锡硫硒薄膜太阳电池的制备关键技术及界面特性研究

在制备过程中，铜锌锡硫硒薄膜的物相和成分调控有一定的难度，这是由于：①铜锌锡硫硒的成相区域较小，使得在铜锌锡硫硒合成过程中很容易产生 $Zn(S, Se)$、$Sn(S, Se)_2$ 和 $Cu_2(S, Se)$ 等杂相；②产生的 $Sn(S, Se)_2$ 在反应过程中容易挥发流失造成薄膜硒损失严重；③生成的铜锌锡硫硒在高温下发生分解。

在未来的研究过程中，要想实现铜锌锡硫硒薄膜太阳电池的光电转换效率达到15%，需要从下面几个方面进行重点研究：

（1）金属/半导体接触。为有效实现铜锌锡硫硒薄膜与背电极金属钼（Mo）薄膜的工作性能，要求优良的金属/半导体接触特性，如低阻抗的欧姆接触和高热稳定性的欧姆或肖特基接触。但在进行硒或硫的组分掺杂时，硒或硫会与钼背电极反应生成 $MoSe(S)_2$。$MoSe(S)_2$ 的生成一方面会在铜锌锡硫硒薄膜和钼背电极之间形成准欧姆接触，提高铜锌锡硫硒薄膜与钼的接触性能；另一方面，由于 $MoS(Se)_2$ 的半导体特性，将引入较高的串联电阻使得电池性能变差，尤其是在生成的 $MoS(Se)_2$ 薄膜层较厚时对器件性能的影响更大。如何实现钼与铜锌锡硫硒之间的欧姆接触是需要努力的一个方向。

（2）铜锌锡硫硒是铜锌锡硫和铜锌锡硒的固溶体。它具有黝锡矿（或黄锡矿）结构，光学带隙随着硫/硒的比值不同可以从1电子伏（铜锌锡硒）至1.50电子伏（铜锌锡硫）连续可调，硫含量越高，带隙越宽。1.40～1.50电子伏是理想的太阳能薄膜电池吸收层带隙。理论上来说，可以通过调节硫/硒的比值实现铜锌锡硫硒光学带隙的最优化。因此，硫/硒的组分掺杂及吸收层沿厚度方向带隙调控问题对铜锌锡硫硒薄膜太阳电池性能的研究非常重要。

（3）晶界复合是影响多晶薄膜太阳电池开路电压（V_{oc}）的一个关键因素，尤其在空间电荷区附近的晶界复合对电池器件的开路电压损失影响严重。以铜铟镓硒薄膜太阳电池为例，当晶界复合速率低于 10^3 厘米/秒时，晶界复合对电池器件性能的影响几乎可以忽略；当晶界复合速率大于 10^5 厘米/秒时，电池器件的电流密度和开路电压都会明显下降；当晶界复合速率高达 10^7 厘米/秒时，电池器件的光电转换效率甚至降低到原来的1/2左右。铜锌锡硫硒薄膜太阳电池的工作机制与铜铟镓硒薄膜太阳电池相似。因此对于铜锌锡硫硒薄膜太

阳电池来说，研究铜锌锡硫硒薄膜的晶界对于提高其转换性能同样至关重要。

（4）铜锌锡硫硒薄膜太阳电池是异质结太阳电池，硫化镉和铜锌锡硫硒的界面匹配对其太阳电池性能有重要影响。以铜铟镓硒薄膜太阳电池为例，当硫化镉与铜铟镓硒接触后，镉离子会扩散进入铜铟镓硒并占据其中的铜空位形成表面反型，从而对铜铟镓硒薄膜太阳电池的性能产生很大影响。对铜锌锡硫硒薄膜太阳电池，同样存在异质结界面结构的问题，对其界面结构进行研究同样非常重要。

五、高效晶硅薄膜太阳电池研究

在晶硅薄膜太阳电池的研究领域中存在高温路线和低温路线两种基本路线。高温路线是指薄膜沉积温度及电池制作过程中的温度高于 800 摄氏度的方法，低温路线是指薄膜沉积温度及电池制作过程中的温度均低于 650 摄氏度的方法。不同的温度范围决定了所采用的衬底材料，高温路线受限于高温衬底材料的选择，只能选择硅基衬底；而低温路线则可以选择不锈钢或玻璃衬底。两种基本路线都在实验室内得到了广泛的研究，并且个别晶硅薄膜电池技术得到了产业化尝试。要真正实现晶硅薄膜电池的产业化，必须解决如下关键问题：①优质晶硅薄膜的低温制备。可从包括高温外延和低温外延的直接生长方法及基于非晶薄膜沉积和固相、液相晶化等的两步法多方面展开研究，其中低温外延更具有成本优势。②纳米光子学陷光结构的设计和实现。计算机数值模拟最优的陷光结构，实现晶硅薄膜上纳米图形和结构的尺寸、光学性能的控制。③电池结构的设计模拟和晶硅薄膜电池的制备。同时考虑光吸收和点收集，计算机数值模拟最优的电池结构；针对不同的电池结构，研究合适的籽晶层或晶硅薄膜外延层剥离转移技术；贯通晶硅薄膜电池制备工艺流程，提高电池效率。

第三节 新型太阳电池

一、钙钛矿太阳电池

（一）发展历史

钙钛矿太阳电池是一种新型太阳电池，最早在 2006 年由日本 T. Miyasaka 课题组所报道[20]。当时的电池是基于染料敏化太阳电池结构使用 $CH_3NH_3PbI_3$ 作为光敏化剂制备而成的。但是当时的电池效率只有 2%，且由于 $CH_3NH_3PbI_3$ 钙钛矿材料对多种溶剂的不稳定性，使得使用了液体电解质的这种电池的工作寿命只有秒量级。随后韩国的 Park 团队通过表面处理二氧化钛和优化钙钛矿制备工艺，使液态电解质中的 $CH_3NH_3PbI_3$ 钙钛矿太阳电池的光电转换效率达到 6.50%。但是钙钛矿太阳电池的稳定性问题仍未得到解决——液态电解质会溶解或分解钙钛矿材料，以至于电池在几分钟内会失效。

2006～2011 年，这类太阳电池的发展非常缓慢，不仅相关论文的发表数量很少，而且直到 2011 年才出现第一件相关专利。到了 2012 年，M. Grätzel 团队和 H. Snaith 团队等改进了电池结构，以 2, 2′, 7, 7′-Tetrakis [N, N-di(4-methoxyphenyl)amino]-9, 9′-spirobifluorene（Spiro-MeOTAD）取代液体电解质作为空穴传输层，钙钛矿太阳电池的稳定性得到根本性提高，并使电池效率提高至 10% 以上，从而引发了一场钙钛矿太阳电池的研究热潮[21, 22]。

在这场热潮中，首要的问题便是钙钛矿太阳电池的工作原理是什么，是类似于染料敏化太阳电池还是类似于异质结薄膜太阳电池？

为了弄清楚这个原理，无论是原染料敏化太阳电池领域内的研究者还是原有机薄膜太阳电池领域内的研究者均开始涉足钙钛矿太阳电池领域，并向其中引入了包括界面修饰、钝化等各自领域内成熟的技术来实现钙钛矿太阳电池的结构改良和材料改性。

2012 年以后，与钙钛矿太阳电池相关的年论文发表数和年专利申请数均呈指数形式增长。其中，2012 年相关专利的申请量只有 2 件，2013 年达到 36 件，2014 年达到 130 件。钙钛矿太阳电池的最高电池效率在 2015 年超过了 20%，超过了其他新型太阳电池近 20 年的发展成果。

通过钙钛矿太阳电池近几年的发展态势不难看出，钙钛矿太阳电池正是新型太阳电池领域中炙手可热的一个技术方向。

从钙钛矿太阳电池的发展历史不难看出，这种电池的兴起并迅速繁荣与前期染料敏化太阳电池、有机薄膜太阳电池等新型太阳电池领域在电池结构、电池工作原理等方面长期的技术和经验的积累密不可分。因此，新型太阳电池的基础研究具有非常强的正外部性。当一种新材料出现，一种新种类电池诞生时，可以很容易通过已有的基础研究成果进行外延推广，从而利用已有的经验技术实现这些新电池的快速发展。所以，对于新型太阳电池的未来发展支持，除了关注电池效率等实用化因素外，更需要对电池本身的工作原理等基础研究投入足够的支持。

（二）存在的问题

对于钙钛矿太阳电池本身来说，尽管其在电池效率方面取得了极大的进步，但是纵观其发展历史，钙钛矿材料的稳定性问题一直是笼罩在钙钛矿太阳电池发展前景上空最大的一朵乌云，甚至在 2006 ~ 2011 年期间让这一领域一度被认为没有太大研究价值。随着电池的最高光电转换效率已超过20%，钙钛矿太阳电池研究的主要矛盾也势必会从电池效率这一指标上转移。那么转移到何处？根据美国国家可再生能源实验室光伏认证中心负责人 K. Emery 博士和澳大利亚新南威尔士大学 M. Green 教授的公开评论，钙钛矿太阳电池普遍存在稳定性问题，很多电池在测试的过程中就发生了衰变。因此，如何在高光电转换效率下保持电池能够长期稳定运行就成了钙钛矿太阳电池领域的当务之急。就现阶段学术界对钙钛矿太阳电池的理解，钙钛矿材料的稳定性主要包括钙钛矿材料的化学稳定性（水等环境气氛的影响）、热稳定性、光稳定性（紫外、红外响应等）和器件工作稳定性（电场下的离子迁移等）。为了解决这些稳定性问题，使钙钛矿太阳电池的走向实用化，就需要去深入透彻地研究钙钛矿材料的物理化学性质，研究钙钛矿材料出现不稳定时发生的变化、这些变化具体由何种原因导致、通过什么样的过程导致。如果弄清楚上述问题，那么是否可以解决阻碍钙钛矿太阳电池实用化的材料不稳定性这个问题就可以得到解答，而进一步地采用方法解决这些稳定性问题，使得钙钛矿太阳电池能够长期稳定运行也就可以迎刃而解了。

除了稳定性问题以外，钙钛矿太阳电池要想实现实用化还需要解决高光电转换效率大面积电池的制备问题。就目前的报道来看，大多数论文中的钙钛矿太阳电池面积在 1 平方厘米以下。这样一个小面积电池在组装成一个大的光伏模块时，模块的适配损耗是难以接受的。因此，在钙钛矿太阳电池光电转换效率突飞猛进的当下，研究这类新型太阳电池的大面积制备工艺也将是一个重要的课题。

除了稳定性和大面积电池外，对于钙钛矿材料的理化性质和钙钛矿太阳电池的工作原理的基础研究也是相当重要的。正如前文所提到的，钙钛矿太阳电池能够在 2012 ~ 2015 年这四年内实现电池效率从不到10%至21%的飞跃是得益于长久以来染料敏化太阳电池工作者和有机薄膜太阳电池工作者积累的经验和理论基础。随着对钙钛矿太阳电池研究的深入，我们注意到钙钛矿太阳电池的高电池效率是与钙钛矿材料高达微米量级的电子空穴扩散长度密不可分的。如果能够建立模型正确解释钙钛矿材料结构与载流子传输性能，那么在寻找潜在的太阳电池材料过程中就将有迹可循。对于钙钛矿太阳电池器件来说，其工作机制等也还未弄清。例如，钙钛矿太阳电池普遍存在迟滞现象，即 I-V 测试正反扫测得的结果存在明显的不一致，严重的甚至可以相差 1 倍以上。针对这一现象，形成了三种主流解释，分别是钙钛矿材料的铁电极化、钙钛矿材料在电场下产生离子迁移和钙钛矿材料在器件工作过程中出现的载流子与材料缺陷态发生的陷入与脱陷过程。随着对钙钛矿太阳电池器件工作原理基础研究的推进，这样的问题势必会得到更加全面合理的解释，从而不仅对钙钛矿太阳电池本身的发展提供指导价值，还能为其他新型太阳电池的进步起到借鉴作用。综上所述，钙钛矿太阳电池是一种新出现的发展势头非常迅猛的新型太阳电池，是当前新型太阳电池领域最炙手可热的方向。但是在电池效率突飞猛进的光明形势下，电池材料、器件稳定性这方面存在着热／湿不稳定性问题，并不可避免地将成为钙钛矿太阳电池接下来一段时期发展所需要攻克的最重要、最艰难的山头。

在整个新型太阳电池领域，可以说目前所有的新型太阳电池方向均处于研发阶段，均有着如稳定性较差、光电转换效率较低等问题没有解决，距离类似晶硅太阳电池那样的实用化还有相当长的距离。但正所谓"不积跬步，无以至千里；不积小流，无以成江海"，现今正是加大研发投入、为技术革命做准备的关键时刻。纵观钙钛矿太阳电池迅猛的发展历程，可以看到过去新型太阳电池的基础研究起到了至关重要的推动作用——没有固态染料敏化太阳电池的基础研究，就没有钙钛矿太阳电池固态化后的兴起；没有有机薄膜太阳电池对于界面调控的基础研究，就没有钙钛矿太阳电池光电转换效率从 15% 至 21% 的飞跃。因此可以说，即便是钙钛矿太阳电池等新型太阳电池实现实用化还有一些关键问题没有解决，甚至可能长期得不到解决，但是对于这一电池的基础研究仍是非常有价值的，可以帮助未来可能出现的新材料，使得那些使用新材料的新电池器件能够更快发展，从而最终使太阳能真正走向生活、走向平价。

二、染料敏化太阳电池

自钙钛矿太阳电池独立成体系脱离染料敏化太阳电池后，染料敏化太阳电池领域近年来已经没有太多值得称道的成果，最高电池效率自 2013 年达到 11.90% 后也没有进一步的进展。可以说，当前染料敏化太阳电池的研究发展已经进入了一个瓶颈期。为了突破目前的瓶颈，加大对新电池材料（染料种类、电极材料、电解质材料等）、新电池结构的创新性研究投入是不二选择。

当然，在钙钛矿太阳电池光鲜的当下我们要以史为镜，要看到这种电池的出现与兴起是依赖于染料敏化太阳电池领域长期的技术、经验积累的。因此，保持在染料敏化太阳电池领域的基础研发投入将为新型太阳电池的发展夯实理论的基础，为未来的太阳电池技术革命保驾护航，这些投入是非常有价值的。

三、单结太阳电池

随着社会的发展，人们对低成本、高光电转换效率太阳电池的需求越来越迫切。在现有众多种类的太阳电池中，单结太阳电池技术最成熟，工业化程度最高。但是由于工作原理的限制，单结太阳电池只能利用太阳光总能量中很有限的一部分：能量大于禁带宽度的光子，被吸收后产生一个能量大小与禁带宽度匹配的电子-空穴对，而多余的能量将通过晶格热振动的形式损失；能量小于禁带宽度的光子将直接穿透材料，不引起吸收。对于单结太阳电池，这两部分能量损失占太阳光总能量的比重可以超过60%。根据细致平衡理论，单结太阳电池理论效率极限（Shockley-Queisser）仅为40.70%，而考虑到具体材料体系的性能、工艺环节的损耗等因素，实际制备出的单结太阳电池最高光电转换效率仅为28.80%[23]。

四、叠层多结太阳电池

为了更充分地利用太阳能，人们研发出叠层多结太阳电池。将禁带宽度由高到低的各级子电池依次排列串联，利用不同材料吸收不同波段的光子能量，以优化对太阳光谱的吸收利用，提升器件光电转换效率。目前这类电池的最高光电转换效率值为46.0%（508倍聚光条件下）[24]，是现有各类太阳电池器件中的最高值。但此类电池对材料和制备工艺的要求较高。首先，各级子电池材料需具有匹配的晶格常数和热膨胀系数，禁带宽度分布也需对应于太阳光谱中的能量分布，使得人们在选择材料体系时受到很大限制。其次，串联后的各级子电池要求具有同样的电流值和高效的级间隧穿结，致使器件结构复杂，制备成本很高。目前此类器件的应用还仅局限于空间卫星、大型聚光太阳能电站等特殊领域，大规模推广存在较大难度。

五、中间能带太阳电池

为了结合单结太阳电池和叠层多结太阳电池的各自优势，科学家们提出了一种新型的电池结构。这种电池结构利用先进的材料制备技术和能带工程，在单结太阳电池能带结构中插入一个独立的中间能带，这样器件的能带结构将发生变化，器件的光吸收也将从一段拓展至三段，如图3-2所示。加入中间能带后，器件在保持原有的对应于材料价带至导带的光吸收不变的同时，增加了两段能量小于禁带宽度的长波长光子吸收，即对应价带至中间能带和中间能带至导带的吸收。通过调整、优化中间能带在能带结构中的位置，并选择合适的器件材料体系，可以实现器件光吸收与太阳光谱的最优匹配。理论计算得出，此类电池效率的极限高达63.10%[25]。

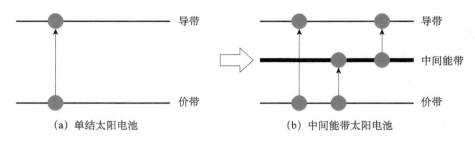

图 3-2　两类器件的能带结构及光吸收示意图

可以看出，中间能带太阳电池兼具单结太阳电池和叠层多结太阳电池的优点。其光吸收可以等同于一个叠层三结太阳电池，光谱响应充分、光电转换效率高。同时，其器件结构基于单结太阳电池，结构简单、制备成本较低。因此，这类新型太阳电池自提出之日起就凭借其高光电转换效率、低成本的优势，引起了学术界、工业界的极大关注，被认为具有广阔的发展前景，并极有可能成为突破目前制约光伏技术大规模应用瓶颈的可行技术。

六、量子点中间能带太阳电池

（一）工作原理与制备技术

1. 中间能带太阳电池光电转换效率的理论计算

1997年，西班牙马德里理工大学的 A. Luque 和 A. Martí 利用细致平衡理论，计算了全聚光条件下中间能带太阳电池的理论极限，结果如图3-3所示。当材料禁带宽度为1.93电子伏、中间能带至价带的带隙高度为0.70电子伏时，电池效率可达63.10%，远高于单结太阳电池40.70%的极限效率[25]。2004年，A. Martí 等计算得出当器件能带结构中存在无数个中间能带时，全聚光条件下器件效率极限将高达86.80%[26]。2013年，日本东京大学的 T. Nozawa 和 Y. Arakawa 考虑到更具可操作性的1000倍聚光条件，计算发现只需将中间能带太阳电池的能带结构从现有的三能带系统扩展至六能带系统，器件的效率极限即可达到 66%，接近该聚光条件下的热力学效率极限[27]。

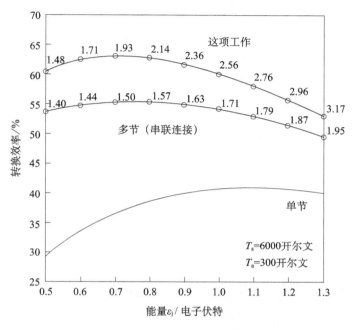

图 3-3　中间能带太阳电池光电转换效率与带隙关系图[25]

2. 量子点中间能带的形成机理

作为中间能带太阳电池结构中的关键环节，中间能带必须满足三个条件：①能带结构中的导带、中间能带和价带分别具有独立的准费米能级，且能级间距大于声子能量；②形成中间能带的材料在空间中必须是周期性排列，以便于载流子的输运；③中间能带必须是半充满填满的，同时具备充足的电子与空穴密度，以满足电子充分地从价带跃迁至中间能带和从中间能带跃迁至导带。

目前，实现中间能带的途径主要有以下三种：深能级掺杂（如硅中掺杂钛[28]、GaN 中掺杂锰[29]、$CuGaS_2$ 中掺杂铁[30]）、高晶格失配合金［如 ZnTe∶O 合金[31]、Ga(P, Sb)As∶N 合金[32]］和周期性叠层量子点纳米结构［如 In(Ga)As/GaAs 量子点[33]、GaSb/GaAs 量子点[34]］。其中，前两种途径在实施时均遇到一定的困难：深能级掺杂需要引入高密度掺杂，目前尚未发现既能实现有效的中间能带又同时避免在器件内引入大量缺陷的最佳材料体系，使得掺杂源成为载流子输运过程中的复合中心，增加了器件的损耗；高晶格失配合金对合金材料质量要求很高，现有材料体系受材料性能和生长技术的制约，热力学不稳定，很难实现理想的性能。因此目前对基于前两种途径实现的器件报道不多，均处于前期探索阶段，已报道的最高值分别仅为0.80%[35]和1.40%[31]。周期性叠层量子点纳米结构引入了周期性的叠层量子点结构是目前实现有效中间能带最成功和最可行的方法[36]。

量子点是一种三维尺寸都接近电子德布罗意波长的纳米结构，其间的载流子受到三维方向的强量子限制，形成类似于原子能级结构的分立能级结构，态密度呈 δ 函数分布。因此我们可以利用量子点材料实现对体材料能带结构的人工剪裁。叠层量子点材料需要同时满足以下三个条件：①量子点层在生长方向上周期性紧密排布；②量子点在层内和各层间均保持统一的形貌和分布，使得各层量子点的能级结构彼此一致；③各层间量子点的盖层厚度尽可能小，使得各层量子点间的载流子波函数产生重叠，增加隧穿概率，则各层量子点的能级将会相互耦合，并如图3-4所示，在材料的导带和价带间形成器件所需的独立中间能带。

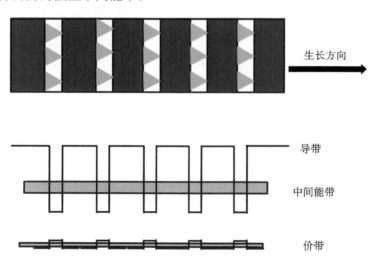

图3-4　周期性量子点结构实现中间能带示意图

与采用深能级掺杂和高失配合金的技术路线相比，基于叠层量子点材料实现中间能带具有明显优势。首先，由于量子点材料是一种无缺陷的低维纳米结构，基于高质量量子点材料的电池器件可以有效地避免载流子复合，实现器件的高效率。其次，通过调控量子点材料性能，可以有效调节中间能带的工作状态。例如，通过改变量子点的组分与形貌，可以调节各层量子点的能级结构，进而调节中间能带在器件能带结构中的位置；通过对量子点材料进行n型或p型掺杂，可以调节中间能带中的电子分布，使得中间能带达到半充满填满状态。最后，量子点材料具有更小的载流子热效应和优秀的抗辐射能力，引入量子点结构可以提升器件的综合性能，使其展现出比同类体材料电池器件更宽的工作温度范围和更强的抗辐射能力，特别适用于太空等极端环境[37, 38]。

3. 量子点中间能带太阳电池的制备技术

砷化铟／砷化镓（InAs/GaAs）量子点是目前研究最成熟的量子点材料体系，以砷化铟／砷化镓量子点中间能带太阳电池为例介绍器件的制备技术。图 3-5 为一个典型的量子点中间能带太阳电池器件结构。器件以 pin 结构的单结砷化镓太阳电池为基础，叠层砷化铟／砷化镓量子点材料位于器件 I 区。

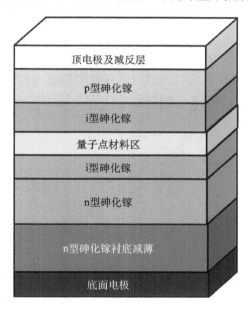

图 3-5　砷化铟／砷化镓量子点中间能带太阳电池器件结构图

由于量子点中间能带太阳电池在器件结构上是一个单结太阳电池，因此其封装技术和工艺流程与常规单结砷化镓太阳电池完全一致，在此不再赘述[23, 39]，着重介绍器件中叠层量子点材料的制备技术。虽然通过制备二维量子阱材料结合电子束刻蚀、离子束注入、纳米压印等微加工方法也可以制备量子点，且点的分布和形貌可控，但微加工过程会引入较多缺陷，这对于太阳电池及其他光电器件的性能提升非常不利，且此方法难以制备大面积的量子点材料，不符合工业化生产的要求。目前，高质量量子点材料通常采用精细的异质外延自组装技术进行制备，并根据量子点材料体系的不同，采用层状生长、岛状生长或层状加岛状生长的模式。异质外延自组装的流程简洁，且形成的量子点材料理论上没有晶体缺陷，但由于量子点的生长通过应力驱动，点的分布比较随机，形貌和尺寸也存在一定的离散性。因此，在制备中间能带所要求的高均匀、高质量叠层量子点材料时，除了不断优化材料外延工艺参数（如沉积量、衬底温度、生长速率、V/Ⅲ束流比等），必要时还需结合表面活性剂辅助生长、大偏角衬底、图形化衬底等新技术，提升量子点材料性能。

（二）研究现状和发展趋势

近几年量子点中间能带太阳电池在理论设计与制备技术等方面的发展十分迅速，国外众多高水平的研究机构均对其展示出极大的关注与研究热情，如图 3-6 所示。美国可再生能源实验室更是提出在近年来实现电池器件光电转换效率超过 25% 这一颇具挑战性的目标[40]。同时，美国、日本、英国、西班牙、澳大利亚等国均将其视为下一代高效太阳电池的可行技术，通过"全光谱研究计划""IBPOWER 计划"等项目予以大力资助。

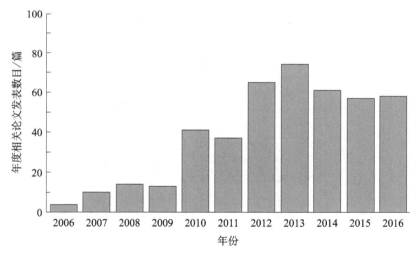

图 3-6　近年来量子点中间能带太阳电池相关论文数目统计
数据来源：Web of Science 数据库

量子点中间能带太阳电池的发展可以分为两个阶段。1997 ～ 2009 年为前期探索阶段，以尝试各种可行技术路线、寻找提升器件性能的关键科学技术问题为主。2004 年和 2005 年，西班牙马德里理工大学和美国可再生能源实验室的研究小组分别基于分子束外延系统和金属有机物气相沉积系统开始了中间能带太阳电池器件的制备研究工作[41, 42]。结果表明，引入中间能带后器件的光谱响应范围向长波方向明显拓展，证实了此技术的可行性。2006 年，马德里理工大学的研究小组通过在量子点层引入 δ 掺杂，优化中间能带的电子分布，提升了器件的输出特性[43]，但与同结构参比单结太阳电池相比，器件的光电转换效率仍然偏低，开路电压的下降尤为明显。2008 年，英国戴尔波利实验室的研究小组将八带 k·p 模型引入量子点中间能带太阳电池的研究中，并开始从载流子输运特性的角度出发对器件的深层次物理做系统阐释[44]。

　　2009 年之后，器件研究进入第二阶段。随着人们对器件物理的理解更加深入和量子点材料制备技术的不断进步，器件性能飞速提升。在优化器件结构的同时，进一步提升叠层量子点材料质量成为本阶段的研究重点。2010 年，日本产业技术综合研究所和东京大学的研究小组分别对器件中量子点区的材料结构和制备技术做出改进，先后得到光电转换效率为 12.20%[45] 和 13.10%[46] 的电池。2012 年，美国海军研究实验室的研究小组优化了量子点材料淀积量并在能带结构中引入空穴阻挡层，将器件光电转换效率提升至 14.30%[47]。2013 年，美国马里兰大学将优化后的 40 层量子点引入电池结构中，得到17.80% 的器件[48]。2014 年，美国特拉华大学的研究小组提出了一种新的量子点中间能带载流子逃逸模型，为后续器件性能的提升，特别是开路电压的改进提供了可行的技术方案[49]。目前国际上报道的最高光电转换效率为日本东京大学研究小组获得的 18.70%[33]，器件的输出特性及参数如图 3-7 所示。

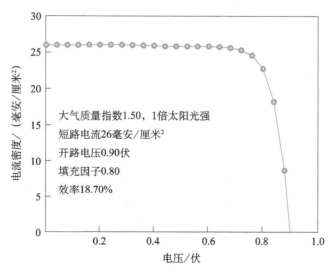

图 3-7　现有最高光电转换效率器件的输出光伏特性曲线及参数[33]

图 3-8 总结了 2007 ～ 2013 年具有代表性的实验结果。可以看出，此类器件性能提升非常迅速，6 年间光电转换效率值提升了近 7 倍，并保持着飞速发展的趋势。

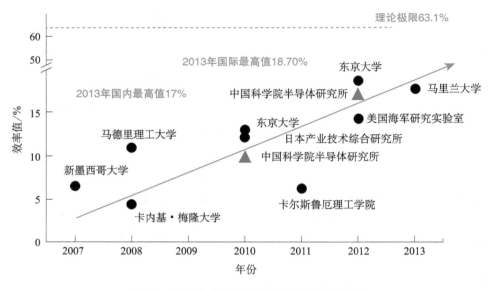

图 3-8　量子点中间能带太阳电池的发展趋势

国内在国家自然科学基金重大项目和面上项目等的资助下，中国科学院半导体研究所（简称中科院半导体所）率先开展了量子点中间能带太阳电池的研究工作。随着研究工作的持续深入，器件性能接近国际最好水平并保持同步提升。2010 年，该小组报道了光电转换效率为 9.80% 的含 5 层砷化铟 / 砷化镓量子点的中间能带太阳电池器件[37]。如图 3-9 所示，由于拓宽了对太阳光谱的响应范围，量子点中间能带太阳电池的短路电流较同结构参比单结砷化镓太阳电池有明显提升，且随着量子点层数增加和层间量子点耦合作用增强，器件的短路电流不断提高。此外，通过比较不同器件的量子效率曲线，发现各样品吸收峰的下降沿均在 870 纳米，对应于砷化镓材料的禁带宽度。分析可知，如果中间能带与能带结构中的导带发生混杂，则量子效率曲线下降沿的位置将向短波方向发生移动。而该实验结果直接证明了量子点中间能带在器件能带结构中的独立性。至此，当时国际学术界对周期性量子点结构可否实现独立中间能带的分歧得到统一。

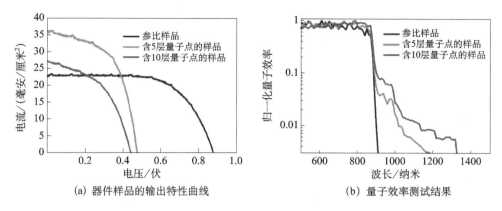

(a) 器件样品的输出特性曲线   (b) 量子效率测试结果

图 3-9 量子点中间能带太阳电池的光照特性和量子效率曲线图[33]

在此基础上，该小组对器件的物理机理进行了深入研究，发现器件内部缺陷增加是导致开路电压下降的主要原因。工作过程中，缺陷成为载流子输运的非辐射复合中心，降低器件载流子聚集区内少子的寿命，进而降低器件两端的费米能级差，宏观上即表现为器件开路电压的降低。为了降低量子点材料的缺陷密度，该小组发明了一项在量子点生长后期阶段引入硅掺杂的技术，显著改善了叠层量子点材料质量，进而将器件光电转换效率大幅提升至17%[50]，接近国际最好水平，器件的输出特性及参数如图 3-10 所示。

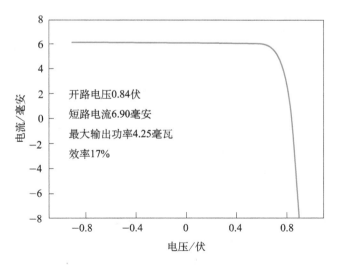

图 3-10 改进后的器件输出特性曲线及参数[50]

（三）关键科学技术问题与突破途径

1. 关键科学技术问题

虽然近年来量子点中间能带太阳电池的性能提升非常迅速，但目前实际器件的光电转换效率值与理论极限之间仍有较大的差距，原因有以下三个方面。

（1）现有量子点材料体系的能带结构与中间能带太阳电池最优能带结构之间存在偏差。如前文所述，当器件材料的带隙为 1.93 电子伏、中间能带距价带能量差为 1.24 电子伏时，中间能带太阳电池的理论效率达到最高。基于现有的成熟量子点材料体系（如 InGaAs/GaAs、InAs/InP 等）制备电池器件，必然会造成一部分的能量损失。因此，选择和发展能级结构与太阳光子能量分布更匹配的量子点材料体系是中间能带太阳电池的发展方向。

（2）现有量子点材料制备技术不完善，导致器件中载流子复合增加。半导体量子点材料的制备主要是通过异质外延以自组装的模式获得，量子点的分布比较随机，量子点密度偏低，形貌也较难控制，使得量子点波函数间的耦合作用较弱，影响了所形成的中间能带质量和能带连续性。此外，中间能带的形成要求量子点材料盖层厚度尽可能薄，使得在现有技术条件下的材料生长很容易积累应力，当应力逐层累积到一定程度后，会以缺陷等形式释放能量。因此，需要对现有量子点材料制备技术做出优化，在不断改进生长参数的基础上通过引入应力缓冲层、定位生长等方式进一步提升材料质量。

（3）基于现有量子点材料体系的能级设计仍需进一步优化。现有研究大多采用 I 型量子点，其能级结构中导带底部与价带顶部是对齐的，器件中电子和空穴的输运通道在空间上重合，增加了载流子复合概率。于是有科学家建议采用 II 型量子点材料，利用其能级结构中导带底部与价带顶部相互错开的特点，使器件中电子和空穴的输运在空间上分离，以降低器件中载流子的复合损耗。中科院半导体所研究小组已从理论上证明了基于 II 型量子点材料的器件具有更高的光电转换效率和开路电压 [51]。然而由于 II 型量子点材料制备技术尚不完善，材料性能与实现高质量中间能带的要求之间存在差距，导致器件光电转换效率较低。2014 年，中科院半导体所研究小组与美国加州大学洛杉矶分校合作，提出一种基于 I 类砷化铟/砷化镓（InAs/GaAs）和 II 类锑化镓/砷化镓（GaSb/GaAs）耦合结构量子点材料的中间能带太阳电池新结构，能级结构和载流子跃迁通道如图 3-11 所示，力争结合 I 类量子点和 II 类量子点各自优势，实现高效的电池器件。此研究现已取得材料方面的初步成果 [52]。

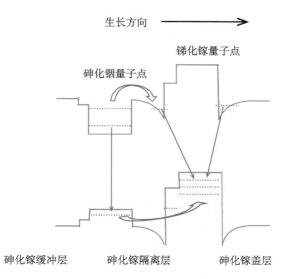

生长方向

锑化镓量子点

砷化铟量子点

砷化镓缓冲层　　砷化镓隔离层　　砷化镓盖层

图 3-11　Ⅰ类 - Ⅱ类耦合结构量子点材料能级结构及载流子跃迁示意图 [52]

2. 突破途径

量子点中间能带太阳电池的概念提出不到 20 年，但其研究进展非常迅速，机理阐释、材料制备、器件结构设计等方面都取得了巨大进步。由于具有高的理论转换效率和优秀的综合性能，可以预计未来 10 年间，量子点中间能带太阳电池的研究仍然是第三代太阳电池中的热点，并且随着材料生长技术的进步和器件结构的优化，很有可能产生突破性的进展，甚至将会有高效的电池产品在空间卫星等领域得到较大规模的应用。

（1）低维量子结构应用于光伏的独特优点。半导体中的载流子至少在一个空间维度上被限制在激子玻尔半径的范围以内时，具有波粒二象性的载流子将显示出波动性，产生量子效应。根据限制的维度数，可以将半导体低维量子结构分为三类：①载流子只在一个维度上存在限制、在另外两个维度上可以自由运动的结构为二维量子阱；②在两个维度上存在限制而只在一个维度上可以自由运动的结构为一维量子线；③在三个维度上都存在限制的结构为零维量子点。由于半导体的激子玻尔半径在几纳米到 100 纳米范围内，半导体低维量子结构又被称为纳米结构。在化学和材料领域，量子线经常被称为纳米线，量子点则被称为纳米晶体等。随着材料技术的不断发展，已经能够制备出多种多样的低维量子结构：类似于二维量子阱的还有量子薄膜及石墨烯、硅烯、锗烯、氮化硼、过渡金属硫化物等原子厚度的二维材料；类似量子线的还有纳米杆、纳米管和纳米带；量子点的形状可以分为球形、碟形、圆柱形、透镜形和金字塔形等。量子线和量子点还可以进一步被其他纳米尺度的半导体材料包裹形成核壳结构。

对于光伏应用，低维量子结构具有几个重要的独特性质[53]：①量子束缚效应可以在一个很大的能量范围有效调节带隙的大小。通过裁剪量子结构的尺寸调节带隙，使原本对于光伏应用带隙偏小的半导体材料成为理想的光伏材料。②量子束缚效应引起的能级离散化和态密度减小可以显著降低热载流子的冷却速率。这有利于将载流子保持在一个极高的温度，提高热载流子太阳电池的光电转换效率。③载流子束缚在纳米尺度的有限空间内提高了相互间的库仑作用，增强了包括多激子生成在内的集体效应。量子点中的多激子生成效应可以被用来改善太阳电池的光电转换效率。④低维量子结构有利于有效降低光反射和极大增强陷光作用，这已经被用来解释黑硅的形成原因。⑤量子点的空间束缚效应可以有效改变稀土掺杂离子形成的带隙中间态的载流子寿命；掺杂离子在纳米尺度的调控可以显著提高特定波长的发光效率及产生新的发光波长；光的上转换或下转换效率可以在量子点中得到显著提高并且可以将不可见光有效调谐转换为可见光波长。⑥对于量子线，不但在垂直于量子线的方向具有量子束缚效应，而且载流子可以沿着量子线方向输运。⑦在量子线中，载流子沿径向分离而入射光的吸收路径则沿量子线方向，使载流子扩散及分离路径和光吸收路径相互垂直，在显著减小载流子扩散路径的同时可以保证足够长的光吸收路径；量子线能够容忍有前所未有的应变强度和缺陷密度；在非外延衬底上可以生长单晶量子线等[54]。

充分利用低维量子结构拥有的这些有利于太阳电池的特性可以设计出第三代太阳电池，实现超越传统太阳电池肖克利-奎伊瑟极限（33.70%），或者设计新型的低成本太阳电池。

（2）突破肖克利-奎伊瑟极限的第三代太阳电池策略。传统太阳电池的工作原理可以概括为：太阳光辐照在光伏太阳电池上，能量大于半导体带隙的光子被吸收，把一个电子从价带激发到导带，产生一对电子和空穴，库仑相互作用束缚电子-空穴对而形成激子，在吸收层内做扩散运动，一旦激子漂移到p-n结的界面处，在p-n结内建电场的驱动下，激子重新分离为电子和空穴的自由载流子，电子被输送到阴极，而空穴被输送到阳极，然后通过外电路完成循环产生电流，实现太阳能到电能的能量转化过程。由于半导体材料的介电常数通常比较大，电子-空穴对的激子库仑束缚能一般只有十几毫电子伏特，p-n结的内建电场就足以克服激子束缚能分离电子-空穴对，使电子和空穴成为自由载流子。除了 p-n 结的内建电场外，半导体与金属或液体接触形成肖特基结，肖特基结拥有的功函差也可以用来分离激子。在低维半导体量子结构的太阳电池中，激子同样必须被分离，使电子和空穴成为自由载流子，然后分别被输送到相反的电极被收集起来形成循环电路。但是量子结构中的掺杂难题导致不能用传统的 p-n 结来分离激子，同时量子束缚效应一般会显著提高量子结构中的激子束缚能，这就要求新的有效激子解离机制。在这些新型的太阳电池中，一般设计拥有足够大能带偏移量的异质结来实现激子的分离。

太阳电池的一个普遍特点是，吸收能量大于半导体带隙的光子所产生的激子具有超过带隙的剩余能量。这类载流子或激子被称为"热载流子"或"热激子"。"热载流子"或"热激子"的剩余能量表现为载流子的动能。在小于皮秒的时间尺度内，通过电子-声子的散射过程，将热载流子的剩余能量转换为晶格的热能。这些载流子快速失去动能而损失掉剩余能量，自由载流子或激子随后占据能量最低的能级，也就是电子位于导带底和空穴位于价带顶。电子和空穴从能量最低的带边输送到相应的电极转换成电能，或者载流子通过辐射复合或非辐射复合而损失掉。假定所有的自由载流子迅速损失掉剩余能量都待在能量最低的带边处，并且自由载流子只能通过辐射复合机制损失掉，肖克利和奎伊瑟[55]在 1961 年通过细致平衡极限原理计算得到对于不同带隙的太阳电池的能量转换理论极限效率（图 3-12），称为肖克利-奎伊瑟极限（Shockley-Queisser limit）。根据肖克利-奎伊瑟极限，最优化的太阳电池材料的带隙为 1.34 电子伏，对应的最大光电转换效率为 33.70%。目前光电转换效率最高的单结太阳电池为硅太阳电池和砷化镓太阳电池，它们的带隙分别为 1.10 电子伏和 1.50 电子伏，对应的理论极限效率分别为 29% 和 32.80%。

如图 3-12 所示，在太阳电池的肖克利-奎伊瑟极限下，主要有三种能量损失机制[56]，分别是：①由于光子能量小于太阳电池光吸收层的带隙而不能被吸收用来激发电子-空穴对损失的能量；②光子能量大于带隙激发产生拥有剩余能量的热载流子，通过电声散射这部分剩余能量转化为晶格热能而损失的能量；③对于太阳电池，低辐射复合率和大开路电压是不可能同时实现的，为了折中这两个参数，会导致一定的能量损失。第三代新概念太阳电池的设计思路就是通过俘获这三个机制损失掉的能量[57, 58]，转换为有用电能，设计出光电转换效率超过肖克利-奎伊瑟极限的新型太阳电池。

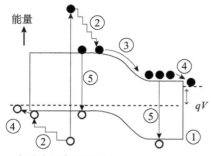

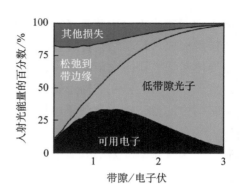

标准太阳电池能量损失：
① 低带隙光子未被吸收
② 晶格热损失
③ 和④ 异质结和接触损失
⑤ 复合损失

图 3-12　分解导致肖克利－奎伊瑟极限的各种因素

右图黑色区域的高度代表太阳光入射光能可转化为有用电能的百分数或肖克利－奎伊瑟极限；
紫色区域的高度表示能量小于吸收层带隙的入射光子所占所有入射光能量的百分数；绿色区域
的高度表示热载流子弛豫把能量传递给晶格热能所损失的能量百分数；太阳电池低辐射复合率
和高开路电压是不可同时实现的两个性质，蓝色区域的高度表示太阳电池在折中这两个性质所
损失掉的能量百分数

　　对于能量损失机制①，Luque 和 Martí 提出了中间能带太阳电池的概念，在半导体光吸收层的带隙中间引入一个电子半占据的窄能带，保证在开路电压不变的情况下，拥有吸收能量小于光吸收层带隙光子的能力，达到增加（闭路）电流的目的，从而实现光电转换效率超过肖克利-奎伊瑟极限。根据 Luque 和 Martí 的理论预测[25]，当半导体光吸收层的带隙为 1.90 电子伏且同时中间能带距离光吸收层导带底 0.70 电子伏时，中间能带太阳电池的理论极限效率可以超过肖克利-奎伊瑟极限，达到 63%。虽然有通过重掺杂[59]或自组装量子点阵列[60-62]来实现中间能带，但是至今还没有实现高效的中间能带太阳电池。

　　对于能量损失机制②，比较成熟的方案是把一系列子电池按照光吸收层的带隙逐层堆叠（从大到小），入射太阳光首先进入的是带隙最大的子电池，随后是带隙次大的子电池，以此类推，最后才是带隙最小的子电池，形成多结太阳电池[57, 63, 64]。多结太阳电池中的各子电池串联在一起，通过各子电池的闭路电流相同，整个多结太阳电池的开路电压则为各子电池的开路电压之和。多结太阳电池通过降低热载流子的剩余能量减小能量损失来提高电池的光电转换效率。为了优化光电转换效率，要求分配给各子电池吸收的光子数相同，产生相同的自由载流子数。通过细致平衡极限原理的计算[64]，双

结太阳电池的最高光电转换效率为 43%，三结太阳电池的最高光电转换效率为 48%，四结太阳电池的最高光电转换效率为 52%，五结太阳电池的最高光电转换效率为 55%。在无限多个子电池叠层时，在国际通用标准中，多结太阳电池的光电转换效率可以达到 67% 的理论极限值。事实上，当前的技术只能实现 2～4 结的太阳电池，电池结数再多反而会降低整个电池的光电转换效率。当前太阳电池光电转换效率的纪录保持者为德国弗劳恩霍夫太阳能系统研究所和法国的 Soitec 公司合作研制的四结太阳电池[65]，它由 GaInP、GaAs、GaInAsP 和 GaInAs 4 个子电池串联而成，在相当于 508 个太阳的聚光辐照强度下，在 2014 年底报道的光电转换效率为 46%。

平面多结太阳电池面临多种问题：①必须从仅有的几种半导体材料内非常小心地选择几种带隙优化的吸光材料；②各子电池的材料间必须满足晶格和化学匹配，使得位错等激子复合中心密度控制在一定范围内；③各子电池材料间的热膨胀也应该匹配，从而可以实现高温生长后在室温附近的一个很大范围内高效工作。因此，由于不同带隙材料间的晶格失配和化学失配等因素，器件制备要求使用昂贵的 MOCVD 设备来实现以原子层为单位的生长精度的控制，得以有效减小晶格位错等载流子复合中心的密度。这决定了多结太阳电池高昂的制造成本，也是虽然多结太阳电池拥有最高的光电转换效率，但是它仍未被大规模使用的原因。

通过裁剪量子结构的尺寸可以有效调节带隙。已有研究者基于量子点的这一特性提出了量子点多结太阳电池的概念[66, 67]，即使用某种半导体材料及它的量子点来提供不同带隙的光吸收层。同一个光吸收层内的量子点大小均匀、排列有序，形成量子点微带，光生载流子通过量子点微带进行有效输运，通过裁剪量子点的尺寸来实现不同光吸收层所需的带隙。量子点的这个方案自然地解决了传统平面多结太阳电池所面临的晶格、化学和热膨胀匹配等问题，甚至可以串联更多的子电池数目进一步提高电池效率，因此量子点多结太阳电池有望在保持多结太阳电池高光电转换效率前提下显著降低制造成本。澳大利亚的 M. Green 小组首先提出利用硅量子点设计全硅多结太阳电池[66]。带隙为 1.7 电子伏的量子点层作为顶子电池和单晶硅作为底子电池组成一个优化的双结全硅太阳电池，或者带隙为 2 电子伏的量子点层作为顶子电池、带隙为 1.5 电子伏的量子点层作为中间子电池、单晶硅作为底子电池组成一个优化的三结全硅太阳电池。但是，除开路电压等参数外，文献中还没有报道过具体的三结全硅太阳电池的光电转换效率。2011 年报道了带隙为 1.60 电子伏的硫化铅（PbS）量子点作为顶子电池和带隙为 1 电子伏的硫化铅量子点作为底子电池的双结量子点太阳电池[67]。它的光电转换效率为4.20%。

对于能量损失机制②，另外一个方案是充分利用热载流子的剩余能量来提高太阳电池的光电转换效率[68,69]。热载流子通过电子-声子散射把剩余能量在传递给晶格损失掉前就被取出来，增大了电池的开路电压，从而提高了电池的光电转换效率[70]；在载流子温度达到3000开尔文的极限时，太阳电池的转换效率理论上可以达到67%[68]。

一种方法就是利用热载流子太阳电池[68,70]。首先需要显著降低声子辅助的热载流子弛豫过程，让热载流子释放能量的速度变慢，热载流子可以继续吸收亚带隙光子来增加动能，载流子通过相互间的弹性碰撞达到热平衡，所以载流子的温度可以达到远高于晶格的温度，最后用一种费米能接近热载流子温度的金属接触通过非弹性碰撞来获取热载流子，太阳光向电能的光电转换效率理论上就可以提高到66%。目前，还没有实现可工作的热载流子太阳电池。半导体量子点具有独特的性质有助于实现热载流子太阳电池[58,69,71]。由于量子束缚效应，量子点中的能级呈离散化分布，能级间距可能大于频率最高的声子能量，形成声子瓶颈，热载流子只能通过更慢的多声子过程才能冷却下来，如在外延生长的量子点中已经观察到寿命超过1纳秒的热电子[71]；通过设计核-壳结构或特殊的界面处理，胶体量子点已经被证明可以拥有长寿命的热电子。由于可以有效降低声子辅助的热载流子弛豫过程，量子点成为制作热载流子太阳电池的理想材料。但是，由于量子点的空间束缚效应，如何有效提取热载流子的能量成为量子点热载流子太阳电池所面临的最大挑战。已有实验显示[71]，由于在核-壳量子点中缓慢的电子弛豫过程，热载流子可以从位于量子点的核隧穿量子点的壳层到达表面缺陷态，通过光学测量的方法更进一步证明热电子能够从量子点输运到二氧化钛电子导体。虽然目前还没有做出一个完整的量子点热载流子太阳电池器件，但是这些间接的证据说明量子点热载流子太阳电池的方案是切实可行的。

还有一种利用热载流子的方法是用热载流子的动能来激发产生额外的电子-空穴对[69]，形成多激子产生效应。在块体半导体中引起多激子产生的效应被称为冲击离子化，这是一个俄歇非辐射复合的逆过程。冲击离子化过程必须同时满足能量守恒和动量守恒的条件，因此只有入射太阳光的紫外部分才能在块体半导体中产生足够大的冲击离子化效应。另外，冲击离子化过程的速度必须大于它的竞争过程，即声子辅助热载流子弛豫的速度。因此，在硅、碲化镉、铜铟镓硒和砷化镓等传统太阳电池中还没有发现多激子产生效应对电池光电转换效率的影响。由于载流子的量子束缚效应，与激子产生效应相关的很多性质在量子点中已经发生了显著变化[69, 72, 73]，包括：①电子-空穴束缚在同一个狭小的空间内显著增强了激子效应；②由于声子瓶颈等效应，声子辅助的热载流子弛豫速度显著下降；③动量不再是一个好的量子数，动量守恒的条件得到放松；④电子-空穴激子效应的增大加强了俄歇过程。

考虑到这些因素，美国国家可再生能源实验室（National Renewable Energy Laboratory，NREL）的 A. Nozik 首先提出，在量子点中多激子产生的效应将被大大增强[69]，可以显著提高太阳电池的光电转换效率。洛斯·阿拉莫斯国家实验室（Los Alamos National Laboratory，LANL）的 R. Schaller 和 V. Klimov 首先在硒化铅（PbSe）量子点实验上观察到了多激子产生效应[74]，从而引起了广泛的研究兴趣[73]。V. Klimov 小组甚至在硒化铅量子点观察到了一个光子可以产生 7 对激子[75]。多激子产生效应随后被不同的研究小组在各种不同的量子点中观察到[72]，包括硫化铅、钛化铅、硒化镉、砷化铟、硅、磷化铟、钛化镉及硒化镉/钛化镉核-壳等等量子点。

实验上使用了几种不同的光谱方法测量多激子产生效应：最早使用的是瞬态吸收光谱，用不同能量的"泵浦"脉冲激发量子点延迟后用探测脉冲获取时间分辨吸收光谱，通过分析在最初时刻（小于 3 皮秒）的发光强度和随后（大于 300 皮秒）的发光强度比值来推导光生激子数目或内量子产率；另一种方法是用中红外波段的探测脉冲来监视新产生激子的带内跃迁，通过分析带内跃迁的瞬态吸收光谱来得到内量子产率。两个方法测量同样的量子点样品给出相同的结果，也就是得到相同的多激子产生效应的内量子产率。

由于瞬态吸收光谱测量的间接特性，包括带间量子点的俄歇非辐射复合在内的多种效应会影响瞬态方法测量的正确性，人们对瞬态吸收光谱得到的内量子产率存在一些争议，同时也开始怀疑多激子产生效应对太阳能光电转换效率的提升作用[72]。Nozik 领导的小组用量子点研制出了外量子效率超过 100% 的太阳电池[76]，从而证实了多激子产生效应对未来高效太阳电池研究的意义。A. Nozik 小组的太阳电池包含了抗反射镀膜玻璃、透明导电层、纳米结构氧化锌层与经过乙二硫醇和肼处理的硒化铅量子点层。对于能量超过 3.50 电子伏的入射光子，外量子效率为 114%。这意味着太阳电池吸收单个高能光子产生多个激子，即多激子产生效应。

利用量子点多激子产生效应对太阳电池光电转换效率进行改善的理论极限如图 3-13 所示。类似于肖克利和奎伊瑟[55]根据细致平衡极限原理计算得到的单结太阳电池的极限效率，M. Hanna 和 A. Nozik[77]使用相同方法计算了多激子产生效应对单结太阳电池光电转换效率的改善。在最理想的情况下，

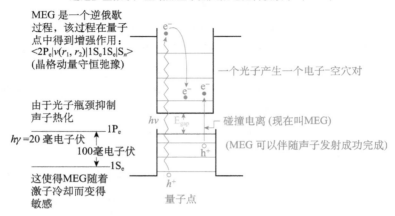

（a）量子点中的多激子生成过程

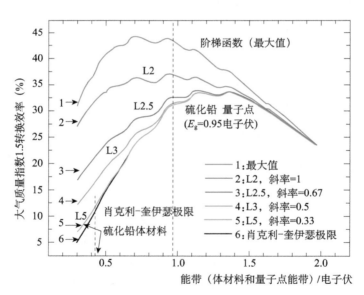

**（b）根据细致平衡极限原理计算，量子点不同多激子生成特征对太阳电池能量
转换理论极限效率，并与块体材料太阳电池的肖克利-奎伊瑟极限进行比较**

图 3-13　利用量子点多激子产生效应对太阳电池光电转换效率进行改善的理论极限
线条 1 代表最理想的情况，单个光子生成的激子数是光子能量除以带隙取整，形成一个台阶函
数。线条 2 ～线条 5 的 L_n 代表多激子生成效应的阈值为 n 倍带隙，斜率代表入射光子能量高
于阈值后生成的激子数与以带隙为单位的光子能量的比值，即多激子生成的内量子产率。线条
6 是块体材料太阳电池的肖克利-奎伊瑟极限

即当入射光子的能量达到光吸收层带隙的 2 倍时，假定该光子可以生成 2 个电子-空穴对，当达到 3 倍时生成 3 个电子-空穴对，以此类推，单个光子生成的激子数与光子能量形成一个台阶状的函数，多激子产生效应可以把太阳电池的肖克利-奎伊瑟极限从 32% 提高到 44%。当多激子产生效应的阈值仍旧为 2 倍带隙（即当入射光子能量达到 2 倍带隙时开始出现多激子产生效应），但是多激子生成的内量子产率为 100%。如图 3-13 中的 L2 线条所示，电池的最大光电转换效率为 37%。图 3-13 同时显示，随着多激子产生效应阈值的增加（伴随着多激子生成的内量子产率的降低），多激子产生效应太阳电池的最大光电转换效率迅速接近肖克利-奎伊瑟极限。

骆军委和他的合作者已经使用原子尺度的电子结构计算方法，比较研究了砷化镓、砷化铟、磷化铟、锑化镓、锑化铟、硒化镉、锗、硅和硒化铅量子点的多激子产生效应，以及随量子点大小的变化。计算显示，量子点中的多激子产生效应由电子-空穴的库仑相互作用引起，经过一个类似块体材料中的冲击离子化过程，它的速率正比于双激子的态密度。因此，可以用通过库仑相互作用耦合在一起的双激子和单激子的态密度比值作为品质因子来衡量激子生成的量子效率[73]。

使用原子尺度电子结构计算获得了多激子生成品质因子后，比较了砷化镓、砷化铟、磷化铟、锑化镓、锑化铟、硒化镉、锗、硅和硒化铅量子点的多激子产生效应。比较发现，硒化铅、硅、砷化镓、硒化镉和磷化铟量子点的多激子产生效应优于其他量子点材料，这主要是由于这些块体材料的带边电子态具有高简并度或具有大有效质量，这些性质有利于量子点的多激子产生效应，降低多激子产生效应的阈值（以带隙为单位）。

例如，岩盐型晶体结构的硒化铅的带隙位于布里渊区边界的 L 点。由于布里渊区中有四个等价的 L 点，硒化铅的导带底和价带顶都是四重简并，而其他材料的价带顶都位于布里渊区中心的 Γ 点。又由于布里渊区只有一个 Γ 点，相对于硒化铅，剩余材料的价带简并度就降低了。另外，直接带隙材料的导带底也位于 Γ 点，而非直接带隙硅的导带底位于 X 点（在布里渊区有三个等价的 X 点），而锗的导带底在 L 点。这就解释了为什么在所研究的这些量子点材料中，硒化铅具有最强的多激子生成效应。硒化铅量子点的阈值最小（约 2.20 倍带隙），并且与量子点的大小关系不大，而所研究的其他材料量子点的阈值大部分在 2.40 倍带隙以上，并且依赖于量子点的大小。后者主要是随着量子点的减小，导带边的简并度增加，甚至发生直接带隙到间接带隙的转变。

根据理论预测结果，在实际的量子点中不可能实现多激子产生效应的阈值为 2 倍带隙这样的理想情况。带隙在 L 点的岩盐型晶体结构Ⅳ-Ⅵ族半导体材料，由于导带和价带都具有高简并度，应该是用于多激子产生效应的最佳量子点材料。结合 M. Hanna 和 A. Nozik 的细致平衡极限原理计算结果，可以得出多激子产生效应对太阳电池光电转换效率的改善非常小的结论。

我们也可以利用光上转换 [58, 69, 78-80]/下转换 [58, 69, 81] 技术来改善太阳电池的光电转换效率。不同于中间能带太阳电池或多激子产生效应太阳电池，光上转换/下转换技术通过把宽频谱的入射太阳光转换成统一频率的入射光，改善与光吸收层带隙的匹配度来提高太阳电池的光电转换效率。在传统的太阳电池中混入一种纳米材料或稀土掺杂的荧光材料作为光上转换/下转换材料，那么入射光在到达光吸收层前被光上转换/下转换材料进行统一裁剪，得到频率一致的光子，然后再入射到电池的光吸收层。如果转换后的光子能量刚好匹配吸收层的带隙，则可以显著减少热载流子的剩余能量，同时可以有效利用原本损失掉的亚带隙光子显著提高电池的光电转换效率。在保持原有电池的电学特性和结构特性及（在原理上）不影响电池的开路电压、填充因子的情况下，光上转换/下转换技术提高了电池的短路电流 [82]，从而提高了电池的光电转换效率，实现超过肖克利-奎伊瑟极限。量子点为光上转换/下转换技术提供了不同于块体材料的独特性质 [80, 81]：传统的光转换技术使用稀土掺杂离子来产生光转换所需的带隙中间态，这些中间态也显著降低了载流子的寿命，而量子点的空间量子束缚效应可以有效改善短载流子寿命的问题；对掺杂离子进行纳米尺度的调控可以显著提高特定波长的发光效率，以及产生新的发光波长；光上转换/下转换效率可以在量子点中显著提高，并且量子点可以进一步有效调谐转换后的可见光波长。但是，利用光上转换/下转换技术的量子点太阳电池的研究还处于初级阶段。

（3）低维量子结构太阳电池的构造。在早期的研究中，量子点太阳电池普遍使用了肖特基结构 [53, 72, 73]。如图 3-14 所示，一层量子点薄膜构成了电池的光吸收层，这个光吸收层被一层铟锡氧化物半导体透明导电膜（ITO）和一层浅功函的金属层夹在中间，形成了三明治结构。不同材料间的功函差导致在量子点和金属界面形成肖特基势垒，光生电子和空穴载流子在肖特基势垒内建电场的驱动下分离。光吸收层中大小均匀的量子点通过三维紧致排列组成一个有序点阵，有序量子点电子态间的强耦合形成微带，载流子可以通过微带在量子点点阵内高速输运。通过裁剪尺寸可有效调节带隙的这一量子点特性，提供了实现高光电转换效率、低成本多结太阳电池的路径。平面多结太阳电池中的各子电池可由相同带隙的一层量子点代替，各量子点子电池均来自同一种材料，所需的带隙序列可以通过裁剪量子点尺寸来实现；量子点的量子束缚效应增强了多激子产生效应；量子点点阵形成的微带提供了吸收亚带隙光子的中间能带；量子束缚效应导致的能级离散显著降低了热载流子的冷却速率和载流子在量子点点阵内的高速输运，有利于热载流子的收集从而改善太阳电池的光电转换效率；量子点显示出了使用光上转换/下转换技术改善太阳电池光电转换效率的可能性。多结太阳电池、中间能带太阳电池、多激子产生效应太阳电池、热载流子太阳电池、光上转换/下转换太阳电池等技术为量子点太阳电池提供了多种突破肖克利-奎伊瑟极限（33%）的途径。

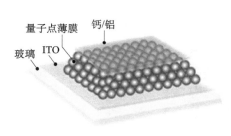 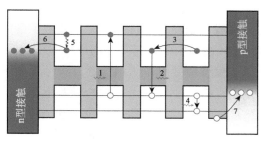

（a）肖特基结构量子点太阳电池结构示意图　　　　（b）量子点太阳电池中重要的能量转换过程

图 3-14　肖特基结构量子点太阳电池工作原理图

1. 光子吸收和激子（载流子）生成；2. 光生激子辐射再复合；3. 通过量子点点阵微带载流子输运；4. 吸收亚带隙光子通过带内跃迁激发引起热载流子；5. 声子辅助热载流子冷却；6、7. 电子输送到阴极，空穴输送到阳极，然后通过外电路完成循环而形成电流，实现太阳能到电能的能量转化过程

　　量子点太阳电池的研究已经取得了很大的进展。用化学胶体法和物理外延生长法制备Ⅳ-Ⅵ、Ⅱ-Ⅵ和Ⅲ-Ⅴ族量子点三维点阵已经取得了显著进展[53]。化学胶体法可以制备出密堆积的量子点薄膜，但是该方法制备的量子点排列存在极大的无序性。物理外延法制备的量子点阵列显示了相当高的有序性，在多层量子点生长过程中，随后几层的量子点趋向于与第一层量子点对齐。但是，在各种量子点太阳电池中，经认证的最高光电转换效率仍旧只有9.90%[83]。这个光电转换效率甚至远低于传统单晶硅太阳电池（非聚光）25%的光电转换效率[83]。在拥有有利于改善太阳电池光电转换效率各种优越性质的同时，量子点也不可避免地拥有不利电池性能的特性。例如，量子点的势垒不断导致量子束缚效应，同时也严重阻碍了光生载流子的输运和提取[84]；量子点的形状、大小和表面处理等对量子点的电学性质产生显著影响[72]，量

子点阵列中量子点的间距、有序度和大小涨落等严重影响了载流子的输运。以硅量子点为例，骆军委和他的合作者[54]使用高性能原子尺度计算方法研究了量子点作为太阳电池的这些重要因素。首先，量子束缚效应增强了电子和空穴的库仑相互作用。对于硅量子点及其他低维量子结构，随着空间束缚尺寸的减小，量子束缚能显著增大，同时库仑相互作用引起的激子的束缚能也显著增加。单晶硅的激子束缚能为14毫电子伏。对于激子能量为1.40电子伏的硅量子点，激子束缚能则提高到了100毫电子伏；对于激子能量为2电子伏的硅量子点，激子束缚能达到了210毫电子伏；当激子能量在3电子伏时，激子束缚能甚至达到了460毫电子伏。对于量子点的光伏应用，几百毫电子伏的量子点激子束缚能会导致太阳电池开路电压减小相应的值，同时对激子分离成电子和空穴自由载流子提出了巨大挑战，传统太阳电池光生激子可以用p-n结的内建电场来分离成为电子-空穴自由载流子，而显著提高的量子点激子束缚能导致没法用传统方法分离激子。其次，量子点的对称性也影响着量子点的性质。对于理想的球形量子点，如果中心位于硅原子时，量子点对称性为 T_d 点群，如果中心位于硅—硅键上时，量子点的对称性则为 C_{3v} 点群。我们发现，对于大小相同的量子点（直径2纳米），仅仅是 T_d 和 C_{3v} 对称性的不同就可以导致100毫电子伏激子能量的移动，同时也引起光吸收谱形貌的显著改变。再次，我们发现量子点阵列可以形成量子点间电子态耦合引起的载流子微带。但是量子点间的电子态耦合强度对量子点大小、形状、均匀性、对称性和点与点的间距非常敏感。对于大小、对称性、形状完全相同的量子点组成的一个量子点阵列，微带宽带（或电子态耦合强度）随量子点的间距呈指数衰减，量子点间距大约在1纳米时微带消失，载流子完全局域在各自的量子点内。当在量子点阵列中存在量子点的无序排列或量子点大小涨落时，载流子的微带甚至在更短的量子点间距内就失去了。用来处理量子点表面的配位基限制了量子点的间距，特别是大部分配位基的长度要大于1纳米。所以实现载流子的高效微带输运是量子点太阳电池面临的一个难题。为了解决这个难题，研究者已经提出了用替换表面配位基的方法来减小量子点的间距，实验上观察到小分子配位基能够提高量子点太阳电池中的光生载流子输运。最后，人们通常认为当两个量子点接触在一起时，会合并在一起形成一个更大的量子点，这导致量子束缚效应的显著减小。但是，我们发现量子点间距的变化对量子束缚效应的影响很小，当两个2纳米大小的量子点完全靠在一起时，相对于孤立的量子点，双量子点的激子束缚能也只减小7%。

通过研究，可以发现量子点的量子束缚效应严重阻碍了作为肖特基结构的量子点太阳电池光电转换效率的提高，对设计超过肖克利-奎伊瑟极限的量子点太阳电池提出了巨大挑战[83]，需要发展新的方法和新的思路来面对这些挑战[84]。

M. Grätzel 发明的染料敏化太阳电池已经取得了很大的成功[85]，文献报道的最高光电转换效率已经超过 13%，这激发了改善量子点太阳电池方案的兴趣。借鉴染料敏化太阳电池的结构，人们提出了量子点敏化太阳电池[53, 72]，如图 3-15（a）所示，量子点敏化太阳电池解决了载流子在量子点阵列中的输运问题。对于染料敏化太阳电池的工作原理，可将整个能量转换过程分为五步：①染料分子受太阳光照射后由基态跃迁至激发态，产生一个电子-空穴对；②处于激发态的染料分子将光生电子注入到半导体导带中，其中导电半导体通常为二氧化钛、二氧化锡、氧化锌等金属氧化物的纳米多孔半导体薄膜；③注入的光生电子扩散至导电衬底，然后流入外电路中；④失去光生电子而保留光生空穴的染料分子处于氧化态，将空穴传递给处于还原态的电解质后完成还原再生；⑤处于氧化态的电解质接收一个来自电极的电子后被还原，从而完成整个循环过程。

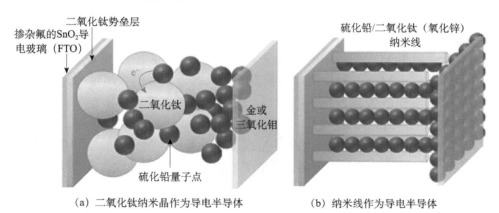

（a）二氧化钛纳米晶作为导电半导体　　（b）纳米线作为导电半导体

图 3-15　量子点敏化太阳电池结构示意图[86]

研究结果表明，只有非常靠近二氧化钛表面的敏化剂分子才能顺利地把电子注入到二氧化钛导带中去，但是多层敏化剂的吸附同时会阻碍电子的输运。人们提出将染料敏化太阳电池中的染料分子用量子点代替，成为光吸收层，构成了量子点敏化太阳电池[53, 72]。对于量子点敏化太阳电池，要求量子点的导带高于作为导电半导体的二氧化钛导带，形成导带的相对偏移，在异质结界面处产生一个内建电场，可以用来克服激子束缚能分离光生激子形成自由电子和空穴，这自然要求导带相对偏移量大于量子点的激子束缚能。

如前所述，量子点中的量子束缚效应导致激子束缚显著增大[54]，这会严重影响电池的光电转换效率。到 2019 年为止，量子点敏化太阳电池的研究已经取得了非常大的进步，文献中已经报道了在磷化铟、砷化铟、硒化镉、硫化镉和硫化铅等量子点太阳电池中成功观察到了能量转换，但是 2019 年报道的量子点敏化太阳电池的光电转换效率还很低，很多涉及能量转换的相关机制还不能完全理解。

如图 3-15（b）所示，量子点敏化太阳电池的另外一种结构是用半导体量子线来代替宽带隙的金属氧化物导电半导体[53, 87, 88]，成为所谓的量子点量子线混合太阳电池。在量子点量子线混合太阳电池中，一维量子线虽然在垂直量子线方向具有量子束缚效应，但是载流子还可以沿着量子线方向自由输运，保留了传统太阳电池高性能的输运性质，而用量子点作为太阳电池的光吸收层，得以保留量子点有利于光伏应用的那些性质。量子点量子线混合太阳电池有望改善量子点太阳电池中面临的电子空穴分离和载流子输运难题，它的工作原理为：①量子点受太阳光照射后有产生电子-空穴对的激子；②将量子点中的光生电子和空穴分别注入到半导体量子线的导带和价带中；③在量子线中的自由电子和空穴分别扩散至电极相反的导电基底后流入外电路中，完成一个电路循环。它的结构由硒化铅量子点和氧化锌量子线组成[87]，最初的实验结果显示，在量子点层中插入量子线导电体后，载流子的分离和收集效率获得了很大提升，特别是电池的光生电流提高了 3 倍[88]。经过近几年的努力，量子点量子线混合太阳电池的光电转换效率已经达到 4.30%[87]。

一维量子线在垂直量子线的两个维度上具有类似量子点的空间量子束缚效应，这使得量子线拥有很多量子束缚效应引起的独特性质，其中很多性质有利于光伏应用。不同于量子点的是，量子线还有一个不受束缚的维度，受量子束缚效应影响的载流子可以在沿量子线方向自由输运，这是太阳电池需要的性质。因此，量子线成为下一代太阳电池的有力竞争者[53]。已经报道的量子线太阳电池的方案主要有三个，如图 3-16（a）~（c）所示。特别是如图 3-16（b）所示，如果不同带隙的量子线片段可以沿量子线堆叠在一起，形成多结量子线太阳电池，电池的光电转换效率有望突破肖克利-奎伊瑟极限[89]。相对于传统的平面太阳电池，量子线太阳电池已经在实验上显示了其具有众多的优异性质[53]，包括更容易分离激子和输运载流子、入射光的反射率显著降低、表现出极致的陷光作用、吸光层的带隙可调、显著提高了应变和缺陷的容忍度等。这些优异的性质有利于降低对晶体质量的要求，使太阳电池更加容易达到肖克利-奎伊瑟极限，可以显著降低电池的制造成本。已报道的量子线太阳电池的最高光电转换效率为 13.80%[90]。

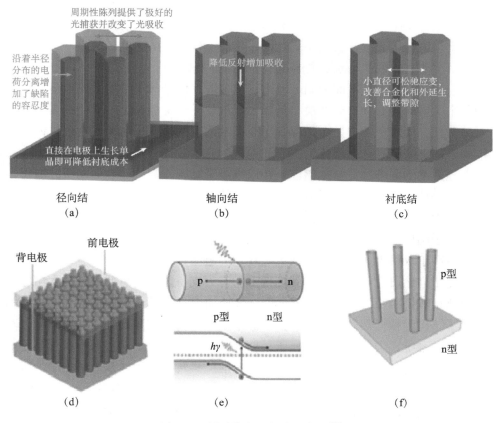

图 3-16　量子线太阳电池示意图 [53]

（a）和（d）所示为 n 型掺杂和 p 型掺杂的半导体分别组成核 - 壳量子线的核和壳，周期排列的核 - 壳量子线阵列站立在衬底上，量子线阵列的顶部是透明导电的前端接触电极，衬底则是后端接触电极；（b）和（e）所示为 n 型掺杂和 p 型掺杂的半导体沿量子线方向堆叠，组成一个 p-n 结，用来分离光生电子 - 空穴对；（c）和（f）所示为周期排列的 p 型掺杂量子线阵列站立在 n 型掺杂的衬底上

（4）低维量子结构太阳电池面临的挑战。低维量子结构中可用来实现多种提高太阳电池光电转换效率的技术，突破传统平面太阳电池 33% 的肖克利-奎伊瑟极限。特别是量子点中的量子束缚效应有利于实现多激子产生效应太阳电池、热载流子太阳电池、光上转换/下转换太阳电池、中间能带太阳电池、多结太阳电池等技术，突破肖克利-奎伊瑟极限，成为第三代太阳

电池的有力竞争者。同时低量子结构的溶液法制备方法，有利于降低量子结构太阳电池的制造成本。

尽管在突破传统太阳电池的肖克利-奎伊瑟极限和降低生产成本两个方面，低维量子结构太阳电池都具有非常大的优势，但是当前的各种低维量子结构太阳电池的光电转换效率仍远低于传统晶硅电池的光电转换效率，还没有显示出潜在的第三代太阳电池技术所带来的好处。

在达到可与传统平面太阳电池进行竞争前，低维量子结构太阳电池面临的几个关键问题必须得到解决。例如，低维量子结构拥有无与伦比的表面积对体积比，同时也不可避免地提高了表面缺陷态的密度。实验中发现，低维结构表面上的缺陷态已经成为占支配地位的光生载流子复合中心，严重影响了电池效率的提升。虽然人们已经在低维量子结构太阳电池方面的研究取得了很大进展，但是目前还没有取得特别高的电池效率，还需要投入大量的人力和物力，进一步深入理解低维结构中能量转换相关的物理机制，充分发挥低维量子结构拥有的潜在效率。当前低维量子结构太阳电池的研究力量不平衡，不利于取得重大突破和实现第三代太阳电池，具体表现为实验研究要遥遥领先于理论研究。由于得不到理论上的有力支持，在分析低维结构太阳电池中能量转换涉及的相关物理机制时，实验研究都是基于经验的知识而忽略了量子结构的独特性质和问题。由于低维量子结构往往涉及几百甚至上千万个原子的系统，当前的大部分原子尺度计算方法无法处理这些系统，这是导致理论研究落后的一个主要原因。太阳电池能量转换过程涉及入射光子的吸收、激子的产生、热载流子的冷却、光的上转换/下转换、多激子生成过程、激子的分离和载流子收集等过程。在量子力学作用下，低维量子结构中这些关键的非平衡动力学过程不能用传统方法来正确描述，还没有合适的方法来研究低维量子结构中的这些动力学过程。为了充分发掘低维量子结构所含有的潜在高效率和低成本优势，必须充分深入理解各个潜在物理机制。例如，量子束缚效应是低维量子结构具有的最重要性质，它对太阳电池的某些方面具有正面的作用，但是对激子分离和载流子输运等过程又成为不利因素，这就需要有效平衡各个物理过程，充分优化电池的光电转换效率。要求实验和理论进行紧密的合作，同时高强度持续性的研究投入是实现合作研究的必要条件，而且还需要改变当前过分重视实验研究，而过度轻视理论研究的科研环境和科研文化。低维量子结构太阳电池的理论概念和工艺实现方法是当今太阳电池研究领域的最前沿科学问题，若能获得成功将会对整个太阳电池领域的发展起到里程碑式的贡献。

第四节 柔性太阳电池

根据国际能源署（International Energy Agency，IEA）2014 年的报告，在过去的一年中，全球可再生能源发电量以每年 5% 的增速增长到近 5070 太千瓦时，已占全球总发电量的 22%。其中光伏发电增长幅度最大。特别值得一提的是，由于中国和日本市场的快速发展，太阳能光伏发电爆发式增长，装机超过 39 吉瓦，开启了未来太阳能作为电力主要来源的新前景。预计受发电设备成本的影响，太阳能在 2050 年前将成为电力的主要来源。2050 年前太阳能光伏（solar power system，PV）系统将有望为全球贡献 16% 的电力，来自太阳能发电厂的太阳能热力发电（solar thermal electricity，STE）将提供 11% 的电力。

目前来看，限制光伏技术大规模应用的最大问题是其价格或投资回收期。截至 2014 年，晶硅组件和薄膜组件的均价分别已降至 0.552 美元 / 瓦和 0.599 美元 / 瓦。天津英利新能源有限公司预期到 2020 年，其价格将进一步下降到 0.40 美元 / 瓦左右。虽然这一降速非常快，但是仍然无法与化石能源生产的电价相比。同时过高的投资回收期也极大地降低了业界的投资兴趣，特别是在没有政府特殊政策扶植的情况下。与普通的晶硅太阳电池相比，柔性太阳电池，特别是柔性染料敏化太阳电池及新兴的钙钛矿太阳电池，可以运用成熟的高速报纸印刷卷对卷技术，将半导体材料通过印刷的方式覆盖在卷筒表面的导电塑料或不锈钢箔片上。印刷技术不仅节约了昂贵的原材料，并可在常压环境下生产，大大降低了生产成本，有望进一步降低光伏技术的投资回收期。柔性太阳电池的一个重要应用领域是光伏建筑一体化，高柔性和轻质化使得它可以集成在窗户、屋顶、外墙或内墙上。此外，柔性太阳电池还可以广泛应用于背包、帐篷、汽车、帆船甚至飞机上，为各种便携式电子及通信设备、交通工具提供轻便的清洁能源（图3-17）[91-94]。同时，柔性太阳电池在军事上的应用也可以大规模减轻战士的负重，对于提高部队的战斗力也具有非常重要的意义。全球范围内最著名的柔性太阳能厂商包括以柔性有机光伏为主的美国科纳卡技术有限公司、以非晶硅太阳能为主的美国联合太阳能奥弗公司等。

一方面，采用超薄的晶硅也可以制作柔性太阳电池，但是复杂的技术不可避免地带来成本劣势。在另一方面，结合纳米技术的染料敏化太阳电池和钙钛矿太阳电池却具有明显的材料和器件组装优势，因而也是目前国际上较主流的柔性太阳电池。

(a) 美国联合太阳能公司为屋顶提供低成本太阳电池　　(b) 与美国陆军合作，提供太阳能发电帐篷

(c) 美国科纳卡技术有限公司制造卷对卷柔性太阳电池　(d) 太阳能比基尼，一种可穿戴技术　(e) 太阳能应用于福特C

图 3-17　柔性太阳能的应用举例

近年来，全球对可再生能源和可持续发展问题非常关注，在这样的大背景下，太阳能产业经过多次技术革新浪潮，产品更多元化，应用更广泛，而柔性太阳电池作为太阳能产业的前沿代表，通过全球各研究机构和企业的不断努力，正以更多、更好、更廉价的方式进入更广阔的太阳电池市场。柔性太阳电池是现有商业太阳电池中最有潜力的竞争者。积极开展柔性太阳电池研究对于抢占太阳电池行业发展的先机，促进太阳电池技术的升级换代具有重要意义。从更高的层次上讲，开展柔性太阳电池研究并推动其产业化，将使人类更廉价、更方便地获得取之不尽、用之不竭的清洁能源，对于整个人类社会和经济的可持续发展、提高绿色国内生产总值、治污防霾都具有重要意义。

一、柔性染料敏化太阳电池

（一）发展现状

自从 1991 年瑞士洛桑联邦理工学院（École Polytechnique Fédérale de Lausanne，EPFL）M. Gratzel 教授首次报道了染料敏化太阳电池技术以来，这一新型薄膜电池由于其相对较高的光电转换效率和较低的成本而引起了全球范围的研究热潮[95]。染料敏化太阳电池的典型结构和工作原理如图 3-18 所示[96]。在染料敏化太阳电池中，染料分子受太阳光照射后由基态跃迁至激发态，将电子注入半导体（常用的为二氧化钛、氧化锌等宽带隙半导体）的导带中，电子扩散至导电衬底，后流入外电路中。随后处于氧化态的染料被还原态的电解质还原再生，完成一个循环。染料敏化太阳电池具有可以吸收弱光（如室内灯光、散射光等）而不降低其电压的特点，因而可以在更广泛的条件下使用。这使得它特别适合于光伏建筑一体化应用。图 3-18（b）展示了一块在聚萘二甲酸乙二醇酯薄膜上制作的带状柔性染料敏化太阳电池[20]。其最高电压高于 0.70 伏，即使在室内灯光下也可以保持稳定。

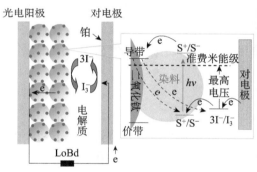 

（a）染料敏化太阳电池的结构和工作原理　　　（b）柔性带状染料敏化太阳电池实例

图 3-18　染料敏化太阳电池结构示意图与其应用

相比于在玻璃衬底染料敏化太阳电池而言，柔性染料敏化太阳电池的光电转换效率与其还有一定的差距。柔性染料敏化太阳电池常用的衬底为塑料。由于塑料衬底不耐高温，而传统的染料敏化太阳电池需要在 450～550 摄氏度下煅烧，因此科研人员花了大量精力探索各种低温镀膜和沉积工艺在柔性衬底上生长二氧化钛电极，如机械压模法、冷冻干燥法等。采用机械压模法，T. Yamaguchi 等在聚萘二甲酸乙二醇酯（polyethylene naphthalate two formic acid glycol ester，PEN）衬底上获得了最高光电转换效率为 8.10% 的柔性染料敏化太阳电池[97]。除了塑料之外，耐高温的不锈钢片和钛片也被用来作为柔性染料敏化太阳电池的衬底。例如，在不锈钢衬底上的柔性染料敏化太阳电池光电转换效率可以达到 8.60%[98]。采用金属片衬底的不足之处在于，其不透明性导致太阳光需要从背面入射，造成了一定的光损失，从而影响其最终光电转换效率。

上面这些采用液态电解质的柔性染料敏化太阳电池带来了封装及稳定性问题。近年来，科研人员开始探索全固态的柔性染料敏化太阳电池。例如，在 2003 年，采用 I_2/NaI 固态电解质的全固态柔性染料敏化太阳电池的光电转换效率可以达到 5.30%[99]。而 J. Ting 等报道的全塑料衬底柔性染料敏化太阳电池的光电转换效率为 4.57%[100]。采用固态电解质的好处是避免了封装问题，并且可以带来更加优异的稳定性，从而可以促进柔性染料敏化太阳电池的产业化应用。

在柔性染料敏化太阳电池的产业化上，美国的科纳卡技术有限公司在 2002 年对以透明导电高分子柔性薄膜为衬底和电极的染料敏化太阳电池进行了实用化和产业化的研究，得到了美国军方的大力支持。英国的 G24i 公司采用美国科纳卡技术有限公司的技术，在威尔士建立了 20 兆瓦的柔性染料敏化太阳电池生产线，采用卷对卷的工艺生产适用于室内的柔性电池组件。近年来，新工艺的不断研发为柔性染料敏化太阳电池在工业和生活中的应用提供了广阔前景。

（二）关键问题

实现高光电转换效率柔性染料敏化太阳电池产业化，需要从以下两个方面寻求突破：①提高柔性染料敏化太阳电池的光电转换效率和稳定性；②降低电池器件的制备成本，在产业上实现规模化卷对卷制程。

目前，提高柔性染料敏化太阳电池光电转换效率的方法有：①开发高透光、高导电和耐高温（> 400 摄氏度）的柔性薄膜衬底材料，如 FTO 导电 PI 衬底。目前我国在这一领域和国际上还有很大的差距。②寻找合适的二氧化钛薄膜电极的低温处理手段。进一步研究传统的水热法、微波烧结法、机械压模法、冷冻干燥法等，探索其他低温处理方法，如程一兵等通过激光选区烧结法，实现太阳电池光电转换效率 5.7%。③探索高效柔性染料敏化太阳电池封装工艺。④创新电池结构，减小大面积柔性太阳电池的拼接和接触电阻。

二、柔性钙钛矿太阳电池

（一）发展现状

2009 年，日本 T. Miyasaka 等首次使用具有钙钛矿结构的有机金属卤化物 $CH_3NH_3PbBr_3$ 和 $CH_3NH_3PbI_3$ 作为敏化剂，报道了具有 3.81% 光电转换效率的钙钛矿太阳电池，从而拉开了钙钛矿太阳电池研究的序幕[101]。在随后短短的几年时间内，钙钛矿太阳电池技术取得了突飞猛进的进展。2011 年，韩国 N. Park 等报道了具有 6.54% 光电转换效率的钙钛矿太阳电池[102]。2012 年，瑞士洛桑联邦理工学院 M. Gratzel 教授报道了具有 9.70% 光电转换效率的固态钙钛矿太阳电池[21]。经过短短的两年时间，这一光电转换效率即被韩国的 S. Seok 等提高到了 17.90%[103]。截至 2017 年，已知的钙钛矿太阳电池的最高光电转换效率为 22.10%[104]。这一光电转换效率已经超过了染料敏化太阳电池、有机太阳电池和量子点太阳电池（表 3-1）。

表 3-1　钙钛矿太阳电池光电转换效率进展

序号	年份	国家	电池特征	电池效率 /%	参考文献
1	2009	日本	液态	3.81	[101]
2	2011	韩国	液态	6.54	[93]
3	2012	瑞士	固态	9.70	[21]
4	2012	英国	固态	10.90	[105]
5	2013	瑞士	固态	15.00	[106]
6	2013	英国	固态	15.40	[22]
7	2014	韩国	固态	17.90	[103]
8	2017	美国	固态	22.10	[104]
9	2014	加拿大	柔性	10.20	[107]
10	2014	美国	柔性	9.20	[108]
11	2014	加拿大	柔性	7.00	[93]
12	2016	中国	柔性	16.09	[109]
13	2017	美国	柔性	18.10	[110]

柔性钙钛矿太阳电池是伴随着普通钙钛矿太阳电池的发展而发展起来的，可以制备在柔性衬底上，便于应用在各种柔性电子产品中，如可穿戴的电子设备、折叠式军用帐篷等。与染料敏化太阳电池相比，钙钛矿太阳电池不需要液体电解质，不用担心太阳电池的漏液问题。与有机光伏器件相比，钙钛矿太阳电池的核心光电转换材料是有机-无机杂化材料，材料的耐候性可能会优于有机光伏器件中使用的有机半导体材料。这些优点可能会使钙钛矿太阳电池在实际使用中具有比染料敏化太阳电池和有机光伏器件更好的性能稳定性和更长的使用寿命。尽管普通钙钛矿太阳电池在极短的时间内有了很大的发展，但是柔性钙钛矿太阳电池的发展却要慢很多。H. Bolink 等近期发现钙钛矿太阳电池非常适合使用卷对卷的方式在柔性衬底上制作，并且

成功地在聚对苯二甲酸乙二醇酯（polyethylene glycol terephthalate，PET）衬底上制作了光电转换效率为7%的柔性钙钛矿太阳电池（图3-19）[93]。H. Snaith等采用溶液法在PET衬底上制作了光电转换效率为6.40%的柔性钙钛矿太阳电池[111]。Hong等采用低温溶液法制作了光电转换效率为9.20%的柔性钙钛矿太阳电池[108]。

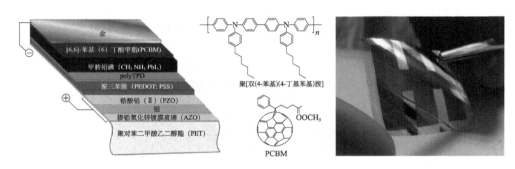

图3-19 柔性钙钛矿太阳电池结构示意图及其实物图

（二）关键问题

近几年来，钙钛矿太阳电池的研究十分活跃，光电转换效率快速上升，已经突破20%，但是钙钛矿太阳电池的产业化还有许多问题需要解决。而这些问题也是柔性钙钛矿太阳电池需要解决的问题：①选择合适的清洁有机金属卤化物取代剧毒的含铅有机金属卤化物。研究表明，含锡的有机金属卤化物似乎是一个不错的选择，但是其最大的问题是二价的锡离子容易被空气中的氧氧化，从而带来更加严重的稳定性问题。②设计新型结构的器件也是进一步提高钙钛矿太阳电池的光电转换效率非常关键的一步。③需要解决钙钛矿太阳电池大面积器件均匀性和一致性的问题，获得大面积的高光电转换效率钙钛矿太阳电池，接近产业化。

三、柔性多结薄膜Ⅲ-Ⅴ太阳电池

影响柔性多结薄膜Ⅲ-Ⅴ太阳电池光电转换效率的能量损失可以分为本征损失和外部损失。本征损失包括：①低于带隙的不吸收损失；②热载流子损失；③自发辐射损失；④卡诺损失；⑤玻尔兹曼损失。外部损失包括由于复合（非辐射复合、俄歇复合等）、串联电阻、电极遮蔽、多结结构的电流不匹配等材料质量和设计缺陷造成的损失。要想实现高效太阳电池光电转换效率，需要从器件结构的设计上降低影响电池光电转换效率的本征损失，通过关键科学问题的解决，降低太阳电池的外部损失。

（一）柔性多结薄膜Ⅲ-Ⅴ太阳电池的光电转换效率提升

目前空间及地面聚光电站广泛使用的三结太阳电池的光电转换效率在聚光下已经超过了43%，国际通用标准下光电转换效率为31%左右，接近理论上的预期值，这使得三结太阳电池光电转换效率的提高变得非常困难。从理论上讲，结数越多，光电转换效率越高，但是完美材料生长的晶格匹配要求和多结太阳电池结构的光电流匹配要求使得直接生长三结以上的多结太阳电池变得非常困难。多结太阳电池的光电转换效率提升需要新的设计思路和技术创新。

1. 基于键合工艺的多结太阳电池制备

基于晶格失配的太阳电池在材料生长上的困难及四结太阳电池研制的需要，在前期晶格匹配的太阳电池结构的基础上，通过晶片键合的方法，将不同衬底生长的不同带隙能量的电池结合起来，实现单片电池集成已经被证明具有很大的潜力，并且是行之有效的方法。这样不仅可以解决由于晶格失配所带来的材料生长难题，而且还可以使用硅衬底代替昂贵的磷化铟或砷化镓衬底，实现衬底的可重复利用，从而降低太阳电池成本。

2. 基于稀氮材料的晶格匹配的直接生长四结及以上多结太阳电池

采用MOCVD或MBE方法直接生长四结及以上的多结太阳电池仍然是大部分研究机构的选择。但晶格失配方法由于要生长很厚的应力缓冲层而使得材料成本过高。而稀氮材料的成功使得晶格匹配生长四结及以上太阳电池成为可能。

3. 柔性多结薄膜Ⅲ-Ⅴ太阳电池

平流层飞行器、无人机及飞艇的潜在应用，使得柔性薄膜太阳电池的需求进一步增加。多结太阳电池的高效特性，可以有效减小飞行器所需电源质量，从而有效增加负载。同时，衬底剥离技术的发展，使得衬底的重复利用成为可能，可以进一步降低成本。

围绕高效Ⅲ-Ⅴ族化合物半导体多结太阳电池的研制进行相关问题研究。通过解决多结太阳电池中的光电调控综合设计和制备，界面调控、高性能键合工艺，以及异质结界面对载流子复合及输运特性的影响等关键科学问题，实现光电转换效率的重大突破，满足空间能源的广泛应用。

（二）柔性多结薄膜Ⅲ-Ⅴ太阳电池的发展方向

在Ⅲ-Ⅴ高效多结太阳电池研发基础上，重点开展超薄、柔性、高效多结太阳电池中的共性关键技术，通过半导体能带工程、纳米异质结功能结构的构筑与调控，获得带隙可调、高迁移率的高效能源材料；突破柔性器件中材料制备、纳米器件加工、衬底剥离、柔性电极和纳米器件集成应用等关键技术环节，实现光电转换效率25%以上，为航空航天、无人机、军事、勘探等尖端科技领域提供柔性、高效高比功率密度及便于携带的Ⅲ-Ⅴ多结太阳电池。

四、聚合物太阳电池

太阳能在地球上的分布广泛，取之不尽、用之不竭，是一种真正意义上的清洁能源，因而备受关注。在太阳能的利用方式中，直接将太阳能转化为电能的太阳电池技术被认为是最便捷的一种方式。聚合物太阳电池是近年来发展起来的一种新型光伏技术，其核心是利用聚合物/有机光电材料将光能转化成电能。这类电池具有质量轻、制备工艺简单及可通过低成本的印刷方式制备大面积柔性器件等突出优点。更重要的是，人们通过分子设计合成新型半导体聚合物或有机分子、采用新的器件结构或对活性层进行特殊处理等方法可以很容易地提高器件的性能。基于这些独特的优点，聚合物太阳电池已成为世界各国科学界研究的热点和产业界开发、推广的重点。

作为无机太阳电池的补充，有机太阳电池发展时间稍稍滞后。但经过几十年的发展，已经形成了完整的研究体系。早在1958年，美国加州大学伯克利分校 D. Kearns 等在酞菁镁（magnesium phthalocyanine）的单层器件中发现了光生伏打现象（photovoltaic effect）[112]，但是最大输出功率极低（3×10^{-12} 瓦）。在此后的20多年间，有机太阳电池领域并未引起广泛的关注。直到1986年，有机太阳电池光电转换效率取得重大突破，美国柯达公司的邓青云等首次引入电子给体和电子受体两种有机半导体材料，制成双层异质结结构的有机太阳电池，取得了约1%的光电转换效率[113]，该工作被誉为有机太阳电池发展史上的里程碑。该报道的创新性在于提出了有机给体/受体（D/A）异质结的概念，指出两层有机半导体（即电子给体和电子受体）的界面引入是决定器件光伏性能的关键。自此，双组分D/A异质结太阳电池的研究逐渐受到关注。1992年，N. Sariciftci 等首次报道了从共轭聚合物到富勒烯（C_{60}）之间的超快光诱导电荷转移现象[114]，之后基于共轭聚合物给体-富勒烯受体的太阳电池体系的研究开始活跃起来。1995 年加州大学圣巴巴拉分校 A. Heeger 研究组俞刚等发明了本体异质结结构的聚合物太阳电池[115]。在这种本体异质结太阳电池中，可溶性共轭聚合物电子给体材料与可溶性富勒烯衍生物电子受体材料共混，均匀分布于整个活性层，给体/受体界面面积显著增大，这一突破性的器件结构创新为聚合物太阳电池的光电转换效率提高开辟了一条重要的途径。在此后的研究中，高性能聚合物太阳电池大多是基于这种本体异质结的器件结构。

经过 10 多年的发展，聚合物太阳电池已成为新能源领域最前沿的研究方向之一，成为高分子科学、有机化学、材料学、半导体物理学、光学等多学科交叉的综合性研究领域。聚合物太阳电池的产业化已成为学术界和产业界共同追求的目标[116-118]。光电转换效率是决定聚合物太阳电池能否走向实用的关键参数，因此如何实现高的光电转换效率成为本领域研究的核心问题。在过去的十几年里，聚合物太阳电池的光电转换效率已经逐步从 1% 提高到 10% 以上（图 3-20）。

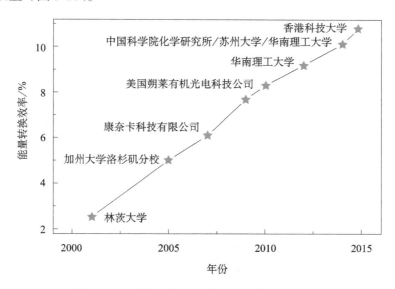

图 3-20　聚合物太阳电池的光电转换效率进展图

2001 年，奥地利林茨大学 N. Sariciftci 研究组率先实现了 2.50% 的光电转换效率[119]。2005 年，美国加州大学洛杉矶分校杨阳研究组采用形貌优化的方式制备基于 $P_3HT：PCBM$ 的聚合物太阳电池，光电转换效率提高到 4.40%[120]。2007 年，Heeger 等采用 TiO_x 作为光学调制层制备的聚合物太阳电池取得了 6.1% 的光电转换效率[121]。2010 年，美国朔荣有机光电科技公司侯剑辉等基于新型聚合物光伏材料 PBDTTT-CF 和 PBDTTT-EFT 制备的聚合物太阳电池先后达到了 7.73% 和 8.30% 的光电转换效率[122]，两度创造了当时的世界纪录，并得到美国国家可再生能源实验室的权威认证。2012 年，华南理工大学曹镛、吴宏斌等使用阴极修饰层 PFN 制备反向结构聚合物太阳电池，取得了 9.20% 的光电转换效率[123]，刷新了当时单结聚合物太阳电池的光电转换效率纪录。2013 年，美国加州大学洛杉矶分校杨阳研究组采用叠层结构制备的多结聚合物太阳电池取得了 10.60% 的光电转换效率[124]。值得指出的是，2014 年以来我国在聚合物太阳电池领域不断取得重要进展，成功抢占了领域的制高点。中国科学院化学研究所、香港科技大学、苏州大学、华南理工大学等科研机构研制的单结聚合物太阳电池均取得了 10% 以上的光电转换效率[125-128]。综上所述，活性层材料的分子设计、形貌优化及界面材料的开发、器件结构的创新是推动聚合物太阳电池领域快速发展的重要途径。

（一）聚合物太阳电池的基本原理

如图 3-21 所示，聚合物太阳电池一般由透明基材、透明电极、活性层（active layer）、金属电极及电极与活性层之间的界面修饰层（interfacial buffer layer）五部分组成。其中实现光电转换的核心部分是活性层，包括共轭聚合物给体光伏材料和富勒烯衍生物或 n 型共轭聚合物/共轭有机分子（非富勒烯）受体光伏材料。透明导电电极和金属电极则用来收集活性层产生的载流子形成光电流和光电压。界面修饰层（阴极修饰层和阳极修饰层）起到调节电极功函数、优化界面接触、改善光场分布、提高器件稳定性的作用。

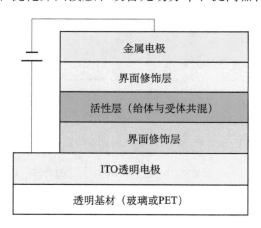

图 3-21　聚合物太阳电池的基本结构

（二）聚合物太阳电池的工作原理和性能参数

聚合物太阳电池的光电流产生过程[129]可分为五个基本物理过程（图 3-22），即激子生成、激子扩散、电荷分离、电荷传输、电荷收集。

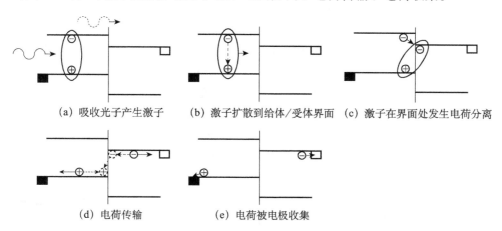

(a) 吸收光子产生激子　　(b) 激子扩散到给体/受体界面　(c) 激子在界面处发生电荷分离

(d) 电荷传输　　　　(e) 电荷被电极收集

图 3-22　聚合物太阳电池光电流产生的五个基本物理过程

1. 激子生成

聚合物太阳电池与传统无机半导体太阳电池可直接产生可自由移动的电子和空穴不同。对于聚合物太阳电池，当入射光子能量超过给体或受体（有机半导体）材料的带隙能量时，有机半导体吸收光子产生单线激发态的激子（电子-空穴对），如共轭聚合物给体吸收具有一定能量的光子后，就会激发一个电子从最高占据分子轨道（the highest occupied molecular orbital，HOMO）跃迁到最低未占分子轨道（the lowest unoccupied molecular orbital，LUMO），而在 HOMO 处留出空位，这一空位被称为空穴，空穴带有正电荷，从而生成激子（电子-空穴对）。激子受正、负电荷的库仑力作用而束缚在一起，有机半导体的激子束缚能一般为 0.30 ～ 0.50 电子伏。

2. 激子扩散

吸收光子后产生的激子，需要扩散到电子给受体异质结界面处才能发生电荷分离。在激子扩散过程中，处于激发态的电子可以通过多种方式跃迁到基态而发生复合，即可以通过辐射跃迁和非辐射跃迁等方式失去能量。前者存在荧光发射、延迟荧光及磷光三种形式；后者存在系间窜越、内转换、外转移及振动弛豫等形式。另外，材料的缺陷也是不可忽视的因素，它往往会成为捕获激子的陷阱，导致激子复合。如果激子在扩散传递过程中发生复合就对光电转换没有贡献，造成能量的损失。

3. 电荷分离

与无机半导体不同，有机半导体材料由于介电常数（ε_r）较低[130]，生成的激子一般是紧束缚的 Frenkel 激子，其激子束缚能（binding energy，E_b）较大，一般在 0.30 ~ 1 电子伏。激子解离需要克服的束缚能为 $E_b = e^2 / (4\pi\varepsilon_0\varepsilon_r)$，在室温下热能难以将激子分离为自由载流子。因此，要使紧束缚激子有效分离成自由载流子——电子和空穴，需要激子首先扩散到给体和受体材料的异质结处，同时需要给体和受体材料的电子能级（LUMO 能级和 HOMO 能级）具有足够的能级差，一般大于 0.30 电子伏。这样激子扩散到给体、受体界面后，在界面上给体/受体能级差的驱动下克服激子束缚能发生电荷分离。给体中的激子将电子转移到受体的 LUMO 能级上，而空穴留在给体的 HOMO 能级上。受体中的激子则将 HOMO 能级上的空穴转移到给体的 HOMO 能级上，电子留在受体的 LUMO 能级上，从而实现激子的电荷分离。通常认为，激子解离分为两步：①激子先形成电荷转移（CT）态；②CT 态再分离形成自由电荷。

4. 电荷传输

激子解离后形成的自由电子和空穴，在由阴极和阳极材料功函差产生的内建电场的作用下，分别沿着受体和给体形成的连续通道传输，到达器件的阴极和阳极。电荷传输过程中，不可避免地会发生载流子的损失。这一过程则要求给体材料和受体材料能形成纳米尺度相分离的互穿网络结构，并且给体具有高的空穴迁移率、受体具有高的电子迁移率，避免电子和空穴在传输途中的复合，提高电荷载流子的传输效率。载流子的迁移率 μ 定义为单位电场强度下的载流子迁移速率。与无机半导体材料相比，有机半导体材料的迁移率较低，这个特性限制了聚合物太阳电池活性层的厚度。根据经典的 Marcus 电子转移理论，降低分子的重整能或增加分子间电荷耦合可以提高材料的迁移率。

5. 电荷收集

光电转换的最后一个步骤是电子和空穴在器件的内建电场作用下传输到

电极界面处后分别被阴极和阳极所收集。为了保证有效的电荷收集, 电极界面和活性层之间需要使用合适的界面修饰材料实现欧姆接触。在阳极一侧, 通常用 PEDOT:PSS 进行修饰, 而阴极一侧通常蒸镀低功函的金属或氟化锂等使电极/活性层界面形成良好的欧姆接触。电子和空穴迁移到阴极和阳极附近后, 被电极收集然后输出到外电路形成光电流。影响电荷收集的主要因素是有机/金属电极处的势垒。提高电荷收集效率可以通过优化电极材料、修饰电极界面及改进器件的制备工艺来实现。

(三)聚合物太阳电池的关键性能参数

一般用电流密度-电压 (J-V) 特性曲线 (图 3-23) 来表示太阳能光伏器件的输出特性。通常由以下几个参数来表征其特性。

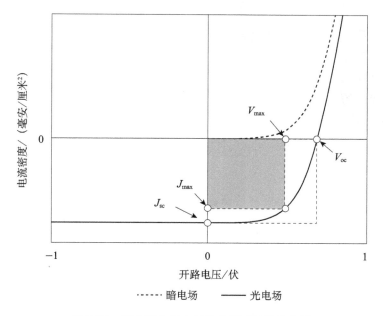

图 3-23 聚合物太阳电池的典型 J-V 特性曲线

1. 开路电压 (open circuit voltage, 表示为 V_{oc})

在光照下, 太阳电池正负极断路时的电压, 即太阳电池的最大输出电压, 其单位一般为伏 (V)。对于本体异质结型太阳电池, 开路电压取决于受体的 LUMO 能级和给体的 HOMO 能级之差, 此外, 开路电压还受很多因素影响, 除了受使用的光伏材料的能级的影响, 还与光强、电极材料、给受体比例及界面材料等有关。

2. 短路电流（short circuit current，表示为 J_{sc}）

在光照下，太阳电池正负极短路时的电流，即太阳电池的最大输出电流。单位面积的短路电流用短路电流密度来表示，通常单位为毫安／厘米²（mA/cm²）。若无特殊说明，一般说的短路电流就是指短路电流密度。一般短路电流与入射光强度成正比，随环境温度的升高，电池的短路电流也会有所提高。同时它还与串联电阻 R_s 和并联电阻 R_{sh} 有关，R_s 越小，短路电流越大。短路电流受光吸收、光诱导电荷产生与传输、活性层／电极界面结构和活性层形貌等因素的影响。

3. 填充因子（fill factor，FF）

填充因子是评价太阳电池器件质量和性能的一个重要指标，它是最大输出功率与开路电压和短路电流的乘积的比值。

它代表了光伏器件在最佳负载时的最大输出功率的特性，是衡量太阳电池输出特性的重要参数。它同时受到串联电阻和并联电阻两个因素的制约，串联电阻的增加和并联电阻的减小都会降低器件的填充因子，而对理想的光伏器件来说，我们就希望通过各种手段来降低串联电阻、提高并联电阻，从而实现填充因子的最大化。

4. 光电转换效率（power conversion efficiency，PCE）

太阳电池的光电转换效率是指入射光能转换为有效电能的百分数。它等于太阳电池的输出功率与入射光能量的比值，是衡量太阳能光伏器件的光伏性能和技术水平的重要指标。

5. 外量子效率（external quantum efficiency，EQE）

外量子效率又称为载流子收集效率或入射光子-电子转换效率（incident photo to current conversion efficiency，IPCE）是指在某一给定波长下每一个入射的光子所产生的能够发送到外电路的电子的比例，公式定义为

$$\frac{I_{sc}(\lambda)}{qAQ(\lambda)}$$

式中，λ 为入射光的波长；电池短路电流（I_{sc}）是与入射光子能量有关的，

$Q(\lambda)$ 为入射光子流谱密度；A 为电池面积；q 为电荷电量。提高激子的扩散效率、增强载流子的收集效率是提高外量子效率的关键。

（四）聚合物太阳电池的分类

如图 3-24 所示，聚合物太阳电池的分类方法有很多，可按活性层的组成、数量、制备方式及电极极性来划分。

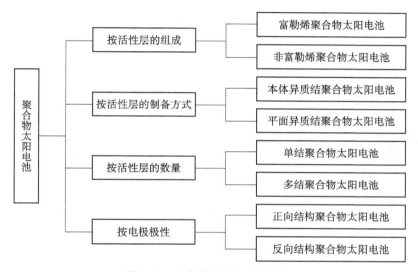

图 3-24 聚合物太阳电池的分类

1. 按活性层的组成分类

聚合物太阳电池按活性层的组成可分为富勒烯太阳电池和非富勒烯太阳电池，其中非富勒烯太阳电池中又包括聚合物-非富勒烯小分子太阳电池和全聚合物太阳电池。

2. 按活性层的制备方式分类

聚合物太阳电池按活性层的制备方式大致分为平面异质结（planar heterojunction）聚合物太阳电池和本体异质结（bulk heterojunction）聚合物太阳电池（图 3-25）。平面异质结聚合物太阳电池中，活性层由给体材料层和受体材料层两层组成。由于有机/聚合物材料的激子扩散长度较短（约 20 纳米），平面异质结聚合物太阳电池给体层和受体层吸收光子产生的激子大部分扩散不到给体/受体界面，导致激子还未解离便已再复合发荧光或热弛豫回到基态，因此效率受限。而本体异质结聚合物太阳电池中给体、受体材料混合在一起，不仅增加了给体/受体界面的面积，也缩短了激子传输到给体/受体界面所需要的距离，从而可以获得较大的光电流和较高的光电转换效率。

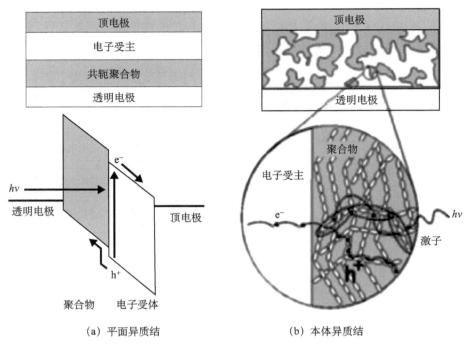

（a）平面异质结　　　　　　　　　（b）本体异质结

图 3-25　平面异质结聚合物太阳电池和本体异质结聚合物太阳电池的活性层示意图

3.按活性层的电极极性分类

按活性层两侧电极的极性不同，聚合物太阳电池可分为正向结构聚合物太阳电池和反向结构聚合物太阳电池。正向结构聚合物太阳电池是以透明衬底作为阳极、金属顶电极作为阴极的光伏器件，这也是目前使用最广泛的一类器件结构。在正向聚合物太阳电池中，通常用 PEDOT：PSS 修饰 ITO，用蒸镀低功函金属或界面修饰材料上面再蒸镀铝电极作为阴极。反向结构（inverted structure），又称倒置结构或反式结构，如图 3-26 所示，是通过 n 型材料修饰 ITO 透明电极使之成为负极、p 型材料修饰顶电极使之成为正极来达到对正向结构聚合物太阳电池极性转换的一种器件结构。反向结构聚合物太阳电池使用了稳定性好的负极修饰层替代酸性的 PEDOT：PSS 修饰 ITO 电极，以及使用高功函的正极材料为顶电极，从而具有较高的空气稳定性和较长的工作寿命。

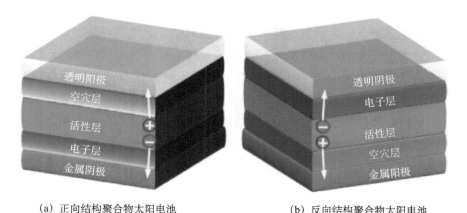

(a) 正向结构聚合物太阳电池　　　　　(b) 反向结构聚合物太阳电池

图 3-26　正向结构和反向结构聚合物太阳电池结构示意图

4. 按活性层的数量分类

聚合物太阳电池根据活性层（异质结）的数量可分为单结（single junction）聚合物太阳电池和多结（multiple junction）聚合物太阳电池，其中多结聚合物太阳电池中最常见的是双结（double junction）或叠层（tandem）聚合物太阳电池（图 3-27）。多结聚合物太阳电池同时集成了宽带隙和窄带隙的吸光层，可以利用更多的光子。与多结聚合物太阳电池相比，单结聚合物太阳电池具有器件结构和制备工艺简单、成本低廉等突出优势，是目前学术界和工业界攻克的重点。

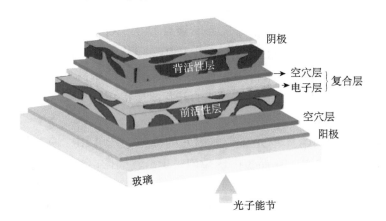

图 3-27　叠层聚合物太阳电池结构示意图

（五）聚合物太阳电池的研究进展

由于决定聚合物太阳电池性能的关键因素在于活性层材料，因此我们根据活性层为主线来阐述聚合物太阳电池的发展。聚合物太阳电池的活性层材料大致分为聚合物给体光伏材料、富勒烯受体材料及非富勒烯受体材料三类，其中非富勒烯受体材料包括非富勒烯小分子和聚合物。另外，电极界面修饰层材料对器件光伏性能也有重要影响，所以最后一节介绍电极界面修饰层材料的研究进展。

聚合物给体光伏材料种类丰富，应用较广泛的主要有聚噻吩类材料和D-A（给电子单元-吸电子单元）共聚物等。经典的聚噻吩类给体材料（如 P_3HT 等）存在带隙相对比较宽（约 1.90 电子伏）、吸收光谱较窄（吸收边小于 700 纳米）、能量损失（E_g-eV_{oc}）过大等固有缺陷，P_3HT∶PCBM 体系通过各种器件优化后光电转换效率也只能达到 4% ～ 5%。为了解决 P_3HT 的 HOMO 能级太高及吸收光谱不够宽等突出问题，诸多研究组在高性能聚合物光伏材料的结构设计中做了大量探索，如图 3-28 所示。

针对传统的聚噻吩（PT）类光伏材料吸收光谱窄的缺点，2006 年中国科学院化学研究所李永舫研究组首次报道了使用共轭侧链的二维共轭的分子设计思想，以拓宽聚噻吩类光伏材料的吸收光谱和提升该类材料的空穴迁移率，从而改善其光伏性能。其中基于 BiTV-PT 的器件光电转换效率达到 3.18%[131]，比同样条件下基于 P_3HT 的光伏器件的光电转换效率提高了38%。经过对几十种二维共轭 PT 类聚合物的研究，发现采用二维共轭结构不仅能拓宽其吸收光谱，而且能有效地提高其空穴迁移率，从而改善其光电转换效率。之后，张茂杰等从降低聚合物的 HOMO 能级，提高器件开路电压出发，将简单的酯基取代基引入聚噻吩的侧链，设计合成聚噻吩衍生物 PDCBT。在不影响聚合物的吸收和分子排列的条件下，HOMO 能级比 P_3HT 下降了 0.36 电子伏，相应器件的开路电压提高到 0.90 伏以上，光电转换效率达到 7.20%[132]。

D-A 共聚物因给体单元和受体单元的推拉电子作用，使其具有能级可调、带隙可控的优点，从而被广泛应用于聚合物太阳电池光伏材料的分子设计中。2003 年，瑞典查尔姆斯理工大学 M. Andersson 等设计合成了基于芴和苯并噻二唑的 D-A 共聚物 PFDTBT。该材料作为给体应用到聚合物太阳电

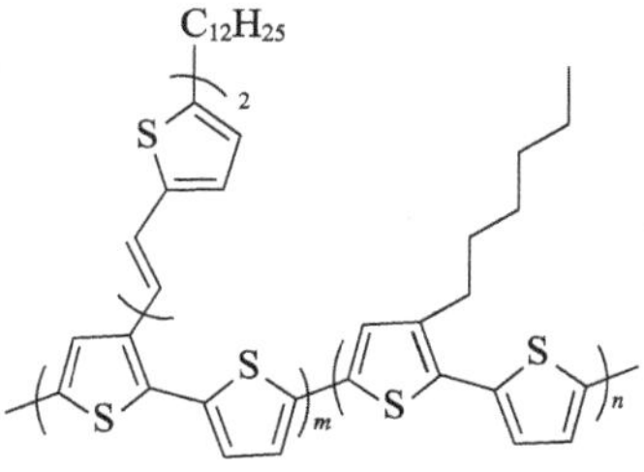

bTV-PT

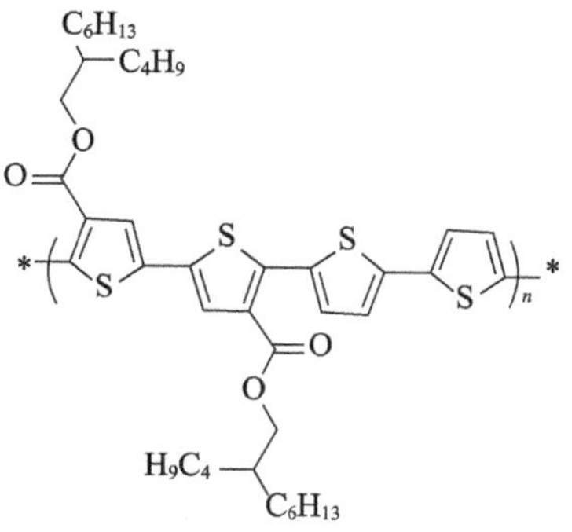

PDCBT

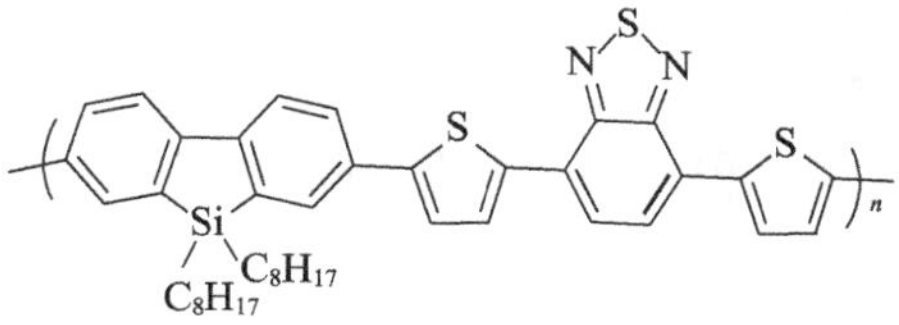

PSiF-DBT

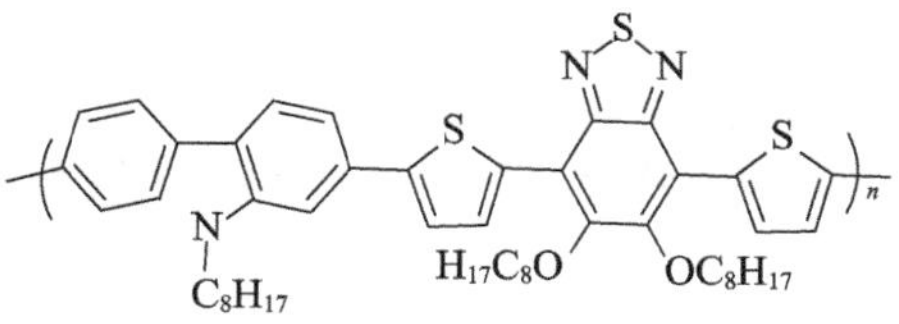

HXS-1

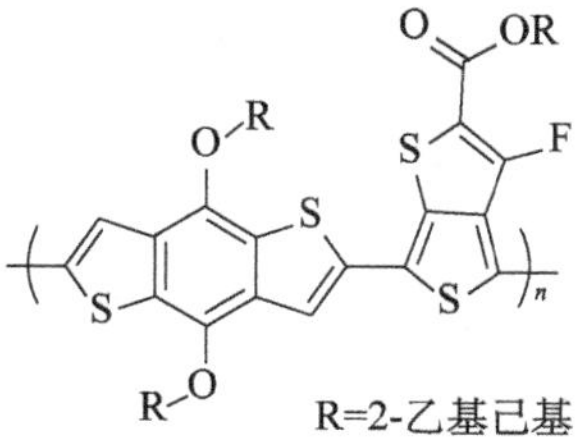

PTB7

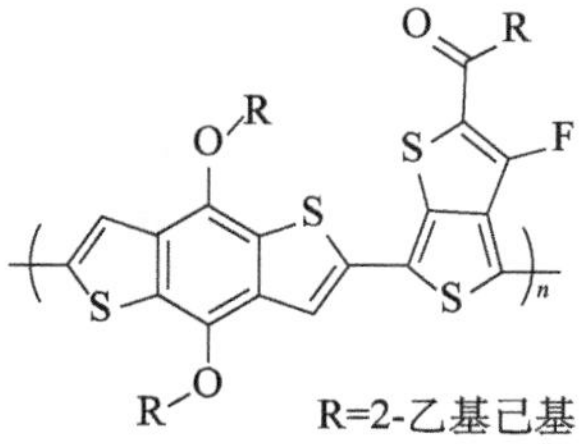

PBDTTT-CF

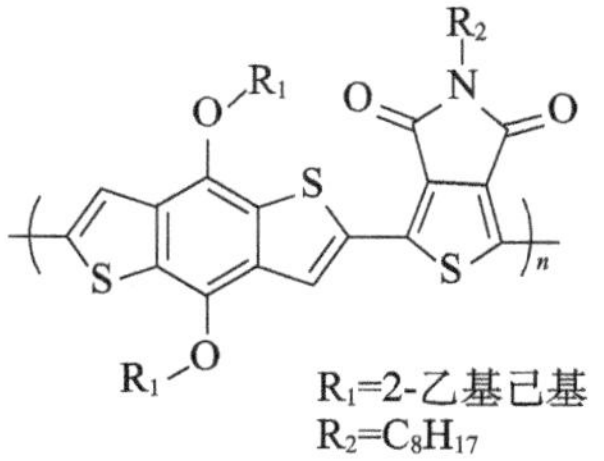

PBDTTPD

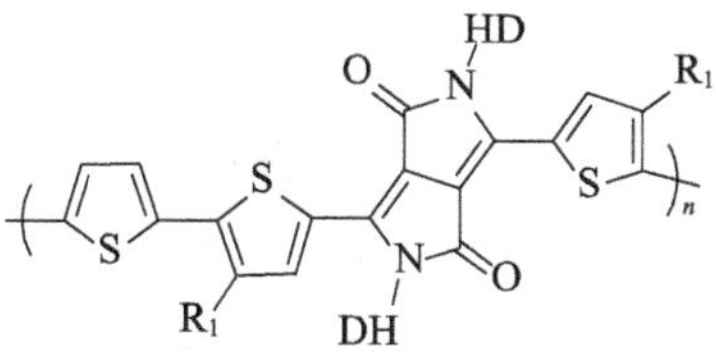

R_1=H　PDPP3T

R_1=CH_3　PDPP3MT

图 3-28　常见的聚合物光伏材料

池中取得了 2.20% 的光电转换效率[133]，此后窄带隙 D-A 聚合物引起科研工作者的极大兴趣和持续关注。因 D-A 共聚物的巨大优势和潜力，吸引了越来越多的研究组开发各种新型的 D 单元和 A 单元（图 3-29），不断有高性能窄带隙聚合物被合成并报道出来。同时，在 D-A 聚合物的研发方面，国内的一些研究组也取得了具有国际影响力的研究成果，如曹镛研究组王二刚等报道了硅芴和苯并噻二唑的共聚物 PSiF-DBT，在太阳总辐照度为经过 80 毫瓦/厘米² 太阳模拟器校准后 100 毫瓦/厘米² 的条件下光电转换效率达到 5.40%[134]，中国科学院化学研究所薄志山研究组设计合成了一种平面型 D-A 共聚物 HXS-1，基于 HXS-1：PC71BM 的光伏器件光电转换效率也达到了 5.40%[135]。

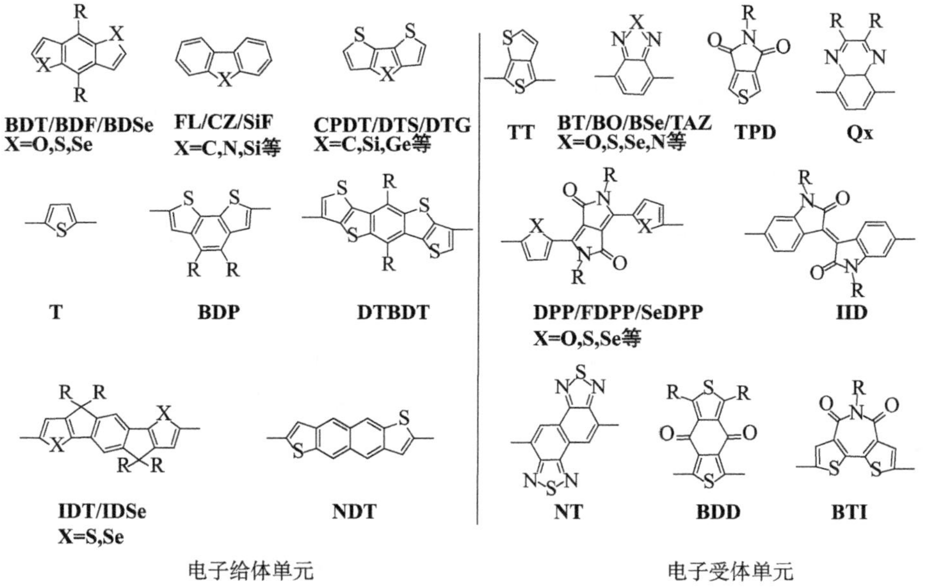

图 3-29　聚合物光伏材料中常见的构筑单元

　　在诸多类型的 D-A 聚合物中，基于苯并二噻吩（BDT）给体单元的聚合物引起广泛关注。值得注意的是，近年来的聚合物太阳电池领域的重要进展大部分都与苯并二噻吩类聚合物密不可分，如图 3-30 所示。

　　2008 年，侯剑辉等首次以苯并［1, 2-b：4, 5-b′］二噻吩为给体单元，与不同的受体单元进行共聚，所合成的 D-A 聚合物的吸收光谱和分子能级可以在较宽的范围内有效调节。光伏测试结果显示，苯并二噻吩单元具有极大的

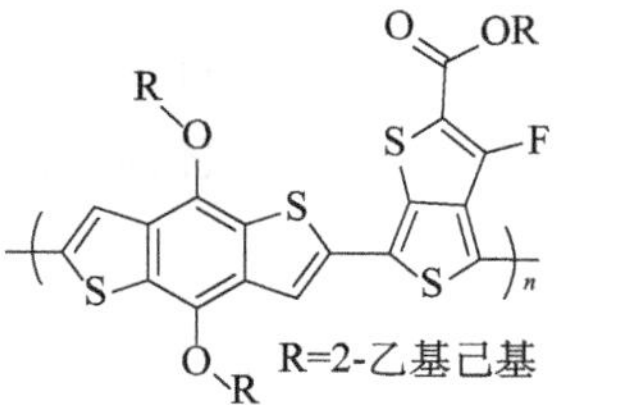

PTB7

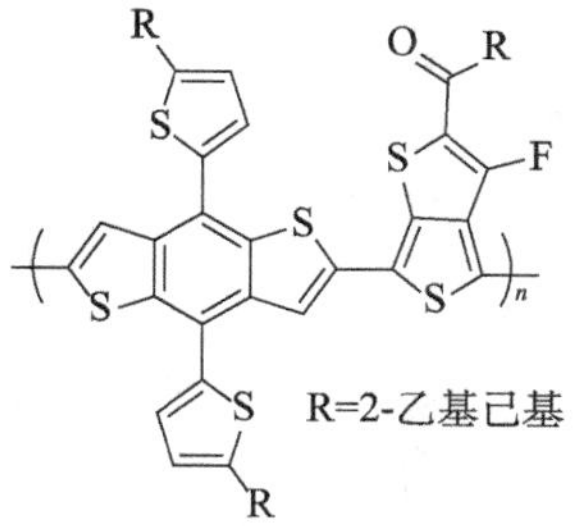

PBDTTT-C-T

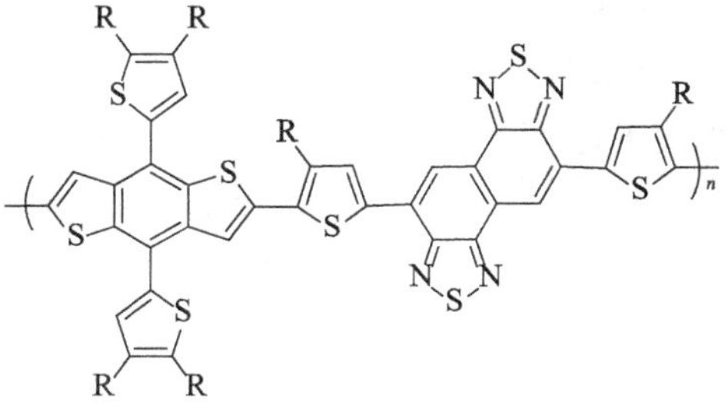

PBDT-DTNT

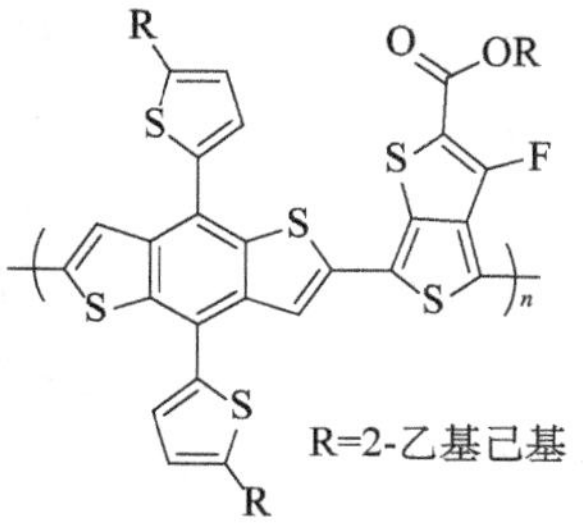

PTB7-Th

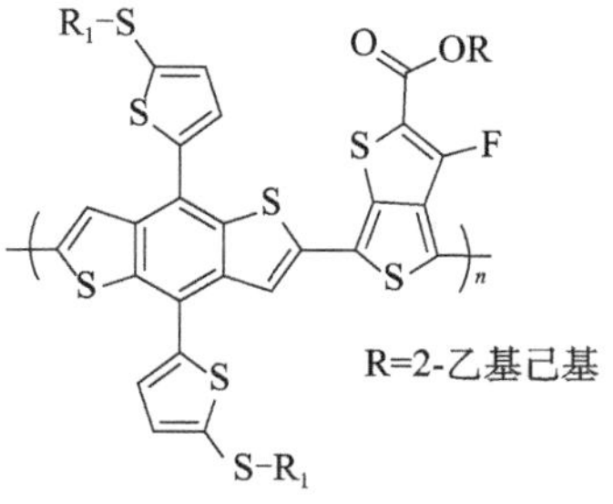

R_1=2-乙基己基　**PBDTT-S-TT**

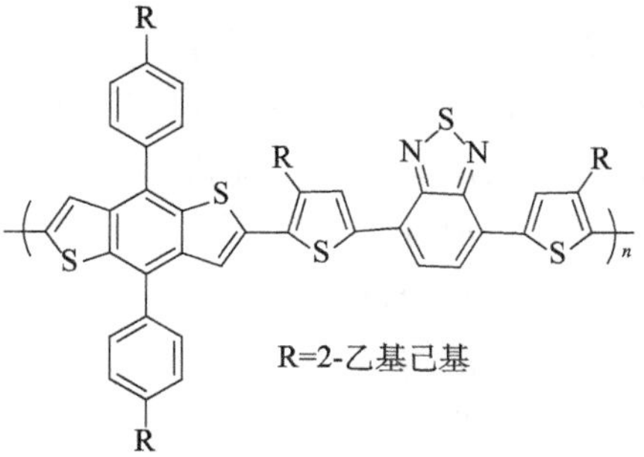

PBDTP-DTBT

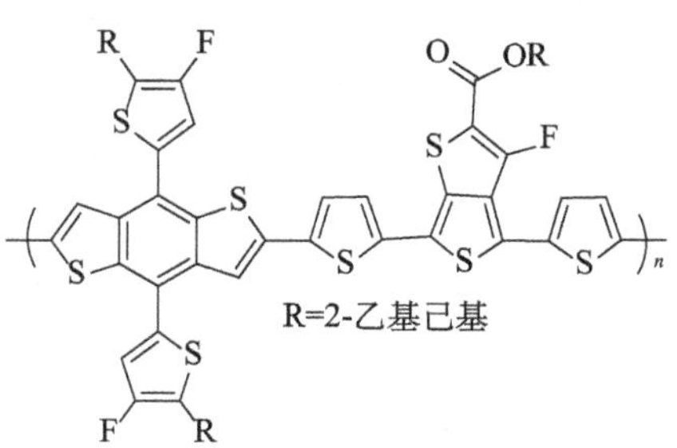

PBT-3F

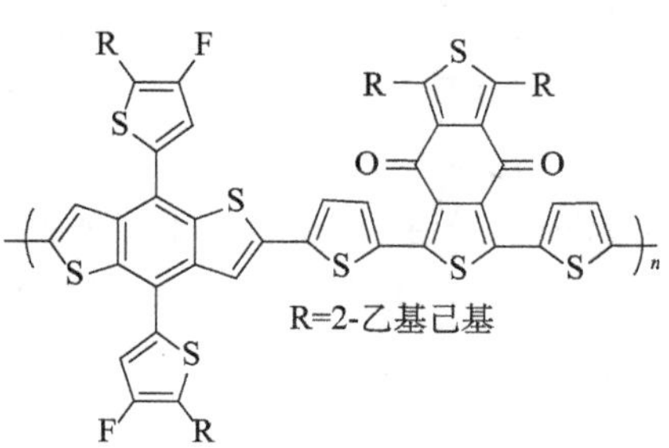

PM6

图 3-30　二维共轭 BDT 类聚合物光伏材料

潜力。随后，美国芝加哥大学 Yu 等设计合成了一系列苯并二噻吩和噻吩并噻吩（TT）的 PTB 系列共聚物，其中 PTB7 的光电转换效率可以达到 7.40%[136]。2009 年，侯剑辉等在美国朔荣有机光电科技公司合成了一种新型的苯并二噻吩与 TT 的共聚物 PBDTTT-CF。该材料创造了光电转换效率为 7.73% 的新纪录[122]，得到美国国家可再生能源实验室的权威认证。此后，数以百计的苯并二噻吩类聚合物被设计、合成和应用到聚合物太阳电池中。

苯并二噻吩和各种共轭单元共聚均能获得高效的聚合物给体光伏材料。例如，苯并二噻吩和噻吩并噻吩、吡咯并吡咯二酮（DPP）、噻吩并吡咯二酮（TPD）、苯并噻二唑（BT）的共聚物光电转换效率均能达到 7% ~ 8%。之后，霍利军和侯剑辉等将二维共轭的思想引入基于苯并噻二唑的高效聚合物光伏材料设计体系中，在苯并二噻吩单元上引入噻吩共轭侧链，设计合成了一系列基于苯并二噻吩的二维共轭聚合物，其中基于噻吩取代苯并二噻吩和噻吩并噻吩的共聚物 PBDTTT-C-T 聚合物正向器件光电转换效率达到 7.60%[137]，反向器件光电转换效率达到 9.13%[138]。其他研究组也报道了一系列高性能二维共轭苯并二噻吩类聚合物。例如，2011 年华南理工大学黄飞等设计合成了基于萘并噻二唑单元的二维共轭聚合物 PBDT-DTNT，在简单正向器件中取得了 6% 的光电转换效率[139]。随后，美国阿克隆大学巩雄等采用反向器件优化 PBDT-DTBT：PC71BM 体系，其器件光电转换效率进一步提升至 8.40%[140]。台湾"清华大学"陈寿安研究组在 2013 年率先报道了基于 PTB7 的二维共轭聚合物 PTB7-Th[141]，经多个课题组进行器件优化后光电转换效率可达 10% 以上[127, 142, 143]。

基于此，对 PTB7-Th 的分子改进也引起了研究人员的关注。例如，崔超华等在 PTB7-Th 基础上在共轭侧链噻吩单元上引入烷硫基侧链，设计合成了二维共轭聚合物 PBDTT-S-TT，其器件光电转换效率（8.42%）明显高于相同条件下 PTB7-Th 的光电转换效率（7.42%）[144]。侯剑辉研究组将 PBDTT-S-TT 的支化烷基链换为线形烷基链，设计合成了二维共轭聚合物 PBDT-TS1，其器件光电转换效率可达 10.20%[125]。

要想进一步提高这类材料的光电转换效率，从材料设计的角度讲，在不影响其吸收光谱和迁移率的条件下，有效降低聚合物的 HOMO 能级应该是最有效的方法之一。张茂杰等通过调节给体单元-苯并二噻吩共轭侧链的 π 电子密度实现这一设计思想。例如，采用苯基取代苯并二噻吩单元上的噻吩基，在不影响聚合物吸收光谱的条件下，使聚合物的 HOMO 能级下降 0.10 电子伏，迁移率提高一个数量级，光电转换效率提高 30%；基于聚合物

PBDTP-DTBT 的器件光电转换效率达到 8.07%[145]；将具有强吸电子能力的氟取代基引入到苯并二噻吩的噻吩侧链，相应器件的开路电压提高约 0.20 伏；基于聚合物 PBT-3F 和 PM6 的光电转换效率分别达到 8.60%[146] 和 9.20%[147]。同时，二维共轭 BDT 作为构筑单元同时也成功地运用到有机小分子光伏材料的分子设计中，并取得了 10% 的光电转换效率新纪录。

这些突出的结果表明，二维共轭苯并二噻吩是高性能有机 / 聚合物光伏材料的重要构筑单元，通过调控苯并二噻吩单元的二维共轭结构，可以有效地优化 BDT 类聚合物的光伏性质，如吸收光谱、分子能级、结晶性和微观形貌。二维共轭苯并二噻吩类聚合物以其简易的合成方法、易于调节的性质等优势成为聚合物太阳电池领域使用最广泛的一类模型材料。

最近，主链基于噻吩单元的 D-A 共轭聚合物光伏材料（图 3-31）引起人们的广泛关注。此类材料具有强的结晶性和好的成膜性，从而可以在活性层厚度较大的情况下获得高的短路电流和光电转换效率。香港科技大学颜河等设计合成的三种聚合物 PffBT4T-2OD、PBTff4T-2OD 和 PNT4T-2OD 的器件光电转换效率都超过 10%，其中基于 PffBT4T-2OD 的光伏器件在活性层膜厚为 300 纳米时也能取得 10.40% 的光电转换效率[126]。日本的 H. Murata 等设计合成的聚合物 PNTz-4T 在活性层厚度为约 300 纳米时，同样获得了超过 10% 的光电转换效率[148]。这些结果表明，这类材料在将来的大面积太阳电池制备中将具有很大的优势。

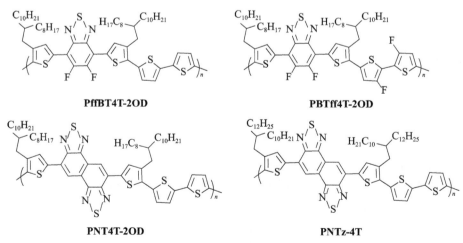

PffBT4T-2OD　　　　　　　　　　**PBTff4T-2OD**

PNT4T-2OD　　　　　　　　　　**PNTz-4T**

图 3-31　基于噻吩单元的高效 D-A 共轭聚合物光伏材料

富勒烯及其衍生物是一类重要的受体光伏材料，在新型薄膜太阳电池（有机太阳电池和钙钛矿太阳电池）中发挥了至关重要的作用。1992年，Heeger等发现了共轭聚合物和富勒烯的共混物在光激发下会产生迅速、高效的光诱导电子转移[114]，揭示了富勒烯作为受体材料的巨大优势。在1995年F. Wudl等报道了富勒烯衍生物PCBM后[149]，此后十几年的时间里PCBM及后来报道的PC71BM[150]一直是应用最广泛的受体材料，上一节提到的共轭聚合物给体光伏材料的光伏性能都是在使用PCBM或PC71BM为受体的条件下获得的。

人们对富勒烯受体光伏材料开展了大量的研究，针对PCBM等经典受体吸收不够宽、LUMO能级较低等问题进行改性，以获得性能更突出的富勒烯类受体材料，这里将重点介绍改性最成功的具有较高LUMO能级的双加成富勒烯受体（结构见图3-32）。

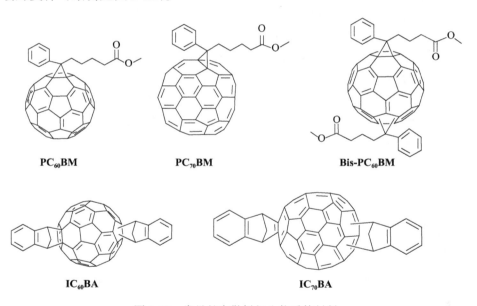

PC$_{60}$BM   PC$_{70}$BM   Bis-PC$_{60}$BM

IC$_{60}$BA   IC$_{70}$BA

图3-32　常见的富勒烯衍生物受体材料

2008年，Blom等合成了双取代的PCBM（Bis-PCBM）。Bis-PCBM具有比PCBM更高的LUMO能级（LUMO能级上移约0.10电子伏），基于P$_3$HT:Bis-PCBM的聚合物太阳电池的开路电压（0.72伏）比基于P$_3$HT:PCBM的器件（0.58伏）显著提高，最终前者的器件光电转换效率（4.20%）比后者的器件光电转换效率（3.80%）有所改善。李永舫研究组在2010年报道的茚双加成富勒烯衍生物ICBA的LUMO能级较Bis-PCBM进一步上移，ICBA 的 LUMO 能级为-3.74 电子伏，比 PCBM 的 LUMO 能级上移约 0.17 电子伏。基于 P_3HT：ICBA 的太阳电池的开路电压为 0.84 伏，短路电流为 9.67 毫安／厘米^2，填充因子为 67%，光电转换效率为 5.44%[151]。而基于 P_3HT：PCBM 的太阳电池的开路电压为 0.58 伏，短路电流为 10.80 毫安／厘米^2，填充因子为 62%，光电转换效率为 3.88%。除了短路电流外，基于 ICBA 的聚合物太阳电池其余的光伏性能参数都比基于 PCBM 的好，其中光电转换效率显著提高了约 40%。他们通过器件优化，将基于 P_3HT/ICBA 的光伏器件的光电转换效率进一步提高到了 6.48%[152]。随后，国霞等基于吸收更宽的 $IC_{70}BA$ 又实现了 P_3HT 聚合物给体材料的 7.40% 的光电转换效率[153]。

由此可见，ICBA 和 $IC_{70}BA$ 是富勒烯衍生物里继 PCBM 之后的又一类"明星"受体材料。近年来，以 Bis-PCBM 和 ICBA 为突出代表的双加成富勒烯受体引起了广泛的研究兴趣，有力推动了有机光伏领域的发展。随后，国内外诸多研究组开展了富勒烯双加成衍生物的研究，国内王春儒研究组和丁黎明研究组也分别报道了一些性能优异的双取代富勒烯受体，与 P_3HT 共混制备的器件效率可达 5% 以上[154, 155]。

由于富勒烯类受体材料受限于吸收光谱较窄、亲和能过高、聚集态形貌热稳定性差、价格较昂贵等缺点，限制了其作为聚合物太阳电池受体材料的产业化应用和器件性能的进一步提升。相对而言，非富勒烯 n 型有机半导体受体材料具有能级可调、合成简便、加工成本低、聚集态形貌热稳定性好、溶解性能优异等特点。更重要的是，此类材料在可见太阳光光谱中比富勒烯及其衍生物材料具有更加宽广的吸收范围。近年来，非富勒烯 n 型共轭聚合物和 n 型小分子有机半导体材料作为聚合物太阳电池电子受体材料受到越来越多的关注[156]。国内多个研究组开发了一系列新型非富勒烯受体[157-161]。例如，占肖卫研究组开发了基于苝酰亚胺的 n 型共轭聚合物[162]，北京大学裴坚研究组报道了 FFI（fluoranthene-fused imide）类小分子[159, 160]，这些受体材料与 P_3HT 共混都能达到 1% ～ 3% 的器件光电转换效率。备受鼓舞的是，2013 年美国 Polyera 公司 Facchetti 等使用共轭聚合物作为受体材料制备的太阳电池光电转换效率为高达 6.40%，该结果也得到美国国家可再生能源实验室的权威认证[163]。下面重点介绍近年来在聚合物太阳电池中取得光电转换效率为 > 3% 的新型非富勒烯受体。

2013 年以来，聚合物-非富勒烯太阳电池领域不断取得突破性进展（图 3-33 和表 3-2）。

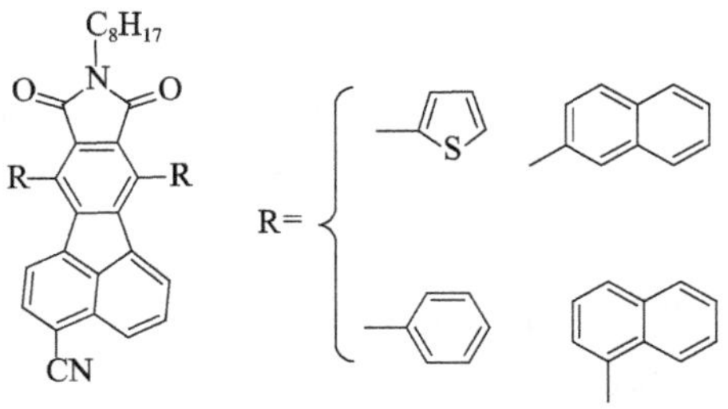

图 3-33　常见的新型非勒烯小分子受体

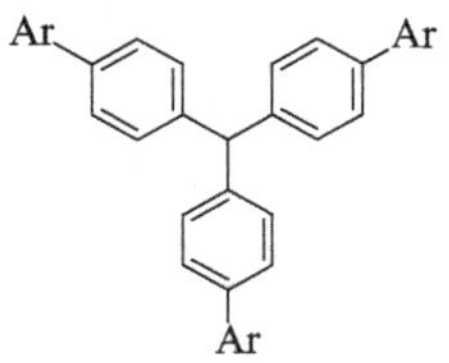

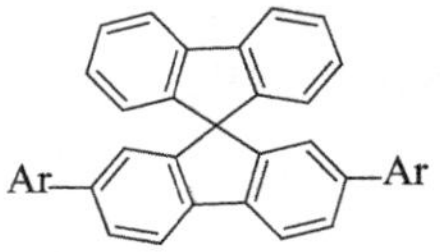

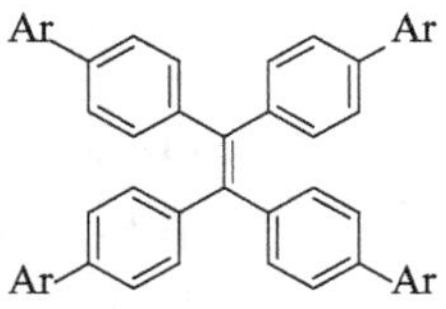

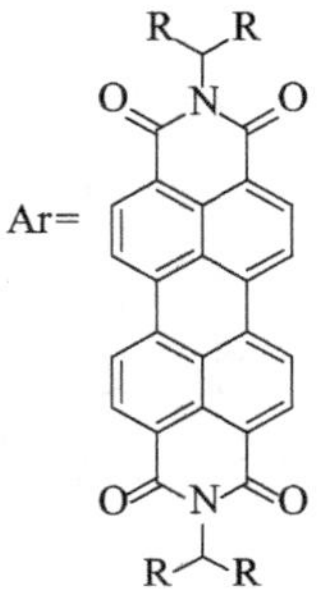

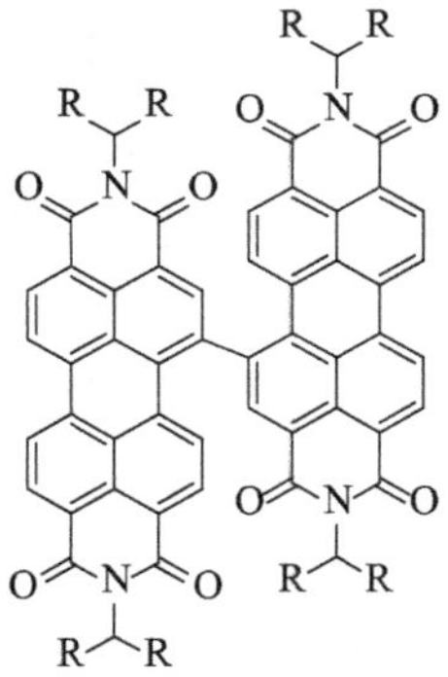

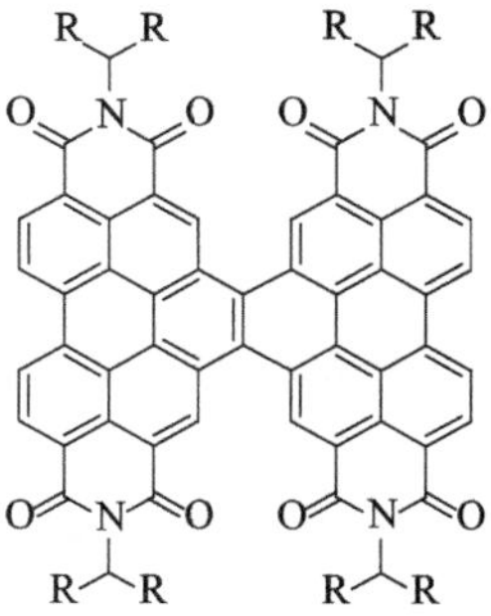

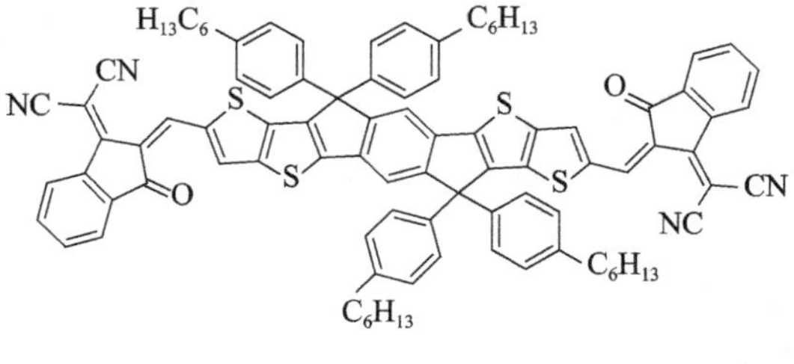

表 3-2 部分新型非富勒烯受体器件性能参数

施主	受主	开路电压/伏	短路电流密度/（毫安/厘米²）	填充因子	光电转换效率/%	参考文献
P₃HT	FFI	0.58	11.48	0.62	4.10	[161]
PBDTTT-C-T	S（TPA-PDI）	0.87	11.92	0.33	3.32	[164]
PffBT4T-2DT	SF-PDI₂	0.98	11.10	0.58	6.30	[165]
PTB7-Th	TPE-PDI₄	0.91	11.70	0.52	5.44	[166]
PBDTTT-C-T	T-PDI₂	0.85	8.86	0.54	4.03	[167]
PBDTBDD-T	SDIPBI	0.87	8.26	0.61	4.39	[168]
PTB7-Th	H-PDI₂	0.80	13.50	0.56	6.05	[169]
PTB7-Th	ITIC	0.81	14.21	0.59	6.80	[170]
J51	N2200	0.83	14.18	0.70	8.27	[171]

在非富勒烯小分子受体方面，中国科学院化学研究所姚建年、詹传郎研究组设计了"苝酰亚胺-噻吩-苝酰亚胺"结构的"扭曲型"小分子 T-PDI₂[172, 173]，与侯剑辉研究组合作优化了基于 PBDTTT-C-T：T-PDI₂ 的聚合物-非富勒烯太阳电池，率先突破了 4% 的光电转换效率瓶颈[172]。与此同时，中国科学院化学研究所王朝晖研究组报道了不同键连的苝酰亚胺（PDI）二聚体分子[167]，与侯剑辉研究组合作优化了这些新型非富勒烯小分子的器件性能。其中，单键桥连的 SDIPBI 和 PBDTBDD-T 共混制备的器件光电转换效率可达 4.39%[168]。2014 年年初，占肖卫研究组报道了三苯胺为核的"星型"小分子 TPA-PDI₃，基于 PBDTTT-C-T：TPA-PDI₃ 的器件光电转换效率也达到 3.22%[174]。2015 年，詹传郎等在 T-PDI₂ 的基础上设计了以硒吩为桥连基团的新受体 Se-PDI₂，在与 PBDTTT-C-T 共混后器件光电转换效率也达到了 4.01%[175]。2015 年，香港科技大学颜河等报道了基于四苯乙烯的三维分子 TPE-PDI₄，基于 PTB7-Th：TPE-PDI₄ 的器件光电转换效率可达 5.53%[164]。另外，通过改进器件结构的方式来优化已有的受体材料也可以获得更优异的器件性能，美国华盛顿大学 A. Jen 研究组和王朝晖研究组合作将 PBDTTT-C-T：SDIPBI 体系中的给体换为 PTB7-Th，使用器件工程的协同优化，使 PTB7-Th：SDIPBI 体系的光电转换效率提高至 5.90%[176]。随后，光电转换效率超过 6% 的非富勒烯体系陆续被报道，如美国哥伦比亚大学 C. Nuckolls 等报道了与 SDIPBI 结构十分类似的苝酰亚胺小分子 H-PDI₂，基于 PTB7-Th：H-PDI₂ 的太阳电池器件取得了 6.05% 的光电转换效率[166]，颜河等使用 SF-PDI₂ 与 PffBT4T-2DT 共混制备的电池光电转换效率可

达 6.30%[177]。

以上介绍的高性能非富勒烯受体材料大多是基于苝酰亚胺单元构筑的。除了苝酰亚胺单元，其他构筑单元也能取得十分突出的结果。最近，占肖卫等以 IDT（indacenodithiophene）为核设计合成的 IEIC、ITIC 先后刷新了该领域的纪录，分别取得了 6.31% 和 6.80% 的光电转换效率，其中基于 PTB7-Th∶ITIC 的器件光电转换效率甚至高于 PTB7-Th∶PC61BM 器件在相同条件下的光电转换效率（6.05%）[165, 169]。

在 n 型共轭聚合物受体方面，2013 年占肖卫研究组与李永舫研究组和侯剑辉研究组合作，以苝酰亚胺聚合物 PPDIDTT[162] 作为聚合物受体，以二维共轭聚合物 PBDTTT-C-T 作为给体材料，通过双组分添加剂优化活性层形貌，基于 PBDTTT-C-T∶PPDIDTT 的全聚合物太阳电池光电转换效率达到了 3.45%[178]。日本理化学研究所 Tajima 研究组周二军等设计合成了萘酰亚胺（NDI）和咔唑的共聚物 PC-NDI，与二维共轭聚合物 TTV7 共混制备的器件取得了 3.68% 的光电转换效率[170]。随后光电转换效率超过 4% 的全聚合物太阳电池陆续被报道（图 3-34 和表 3-2）。美国斯坦福大学鲍哲楠等以苝酰亚胺和噻吩的共聚物 PT-PDI 为聚合物受体时可取得 4.40% 的光电转换效率[179]。美国华盛顿大学 S. Jenekhe 研究组设计了 NDI 和硒吩的共聚物 PNDIS-HD 为聚合物受体，使用二元混合溶剂对 PSEHTT∶PNDIS-HD 体系进行器件优化，光电转换效率可达 4.81%[180]。

聚合物受体中最著名的要属美国 Polyera 公司 2009 年报道的聚合物受体 PNDI2OD-T2（商品名 N2200）[181]。该聚合物是 NDI 和二联噻吩的共聚物，其场效应迁移率高达 0.10 厘米^2/(伏·秒)。2014 年，日本京都大学 S. Ito 等使用二维共轭聚合物 PTB7-Th 为给体材料，与 N2200 共混制备的全聚合物太阳电池光电转换效率可以达到 5.73%[182]。随后，其他研究组发现使用结晶性聚合物给体如 PBDT-DTNT、PPDT2FBT 分别与 N2200 共混时均能获得 5% 以上的光电转换效率[183, 184]。2015 年，韩国先进科技研究院 B. Kim 等报道了一系列具有不同烷基侧链的 NDI 和噻吩的共聚物。研究表明。2-hexyldecyl（HD）为侧链的聚合物受体材料（PNDIT-HD）能够取得最高的光电转换效率（5.96%）[185]。中国科学院化学研究所李永舫研究组使用基于噻吩取代苯并二噻吩和氟原子取代苯并三唑的 D-A 共聚物 J51 为给体、N2200 为受体制备的全聚合物太阳电池，光电转换效率突破了 8%[171]。这些优异的结果显示非富勒烯小分子和聚合物受体都有望取代 PCBM，在聚合物太阳电池中得到广泛应用。

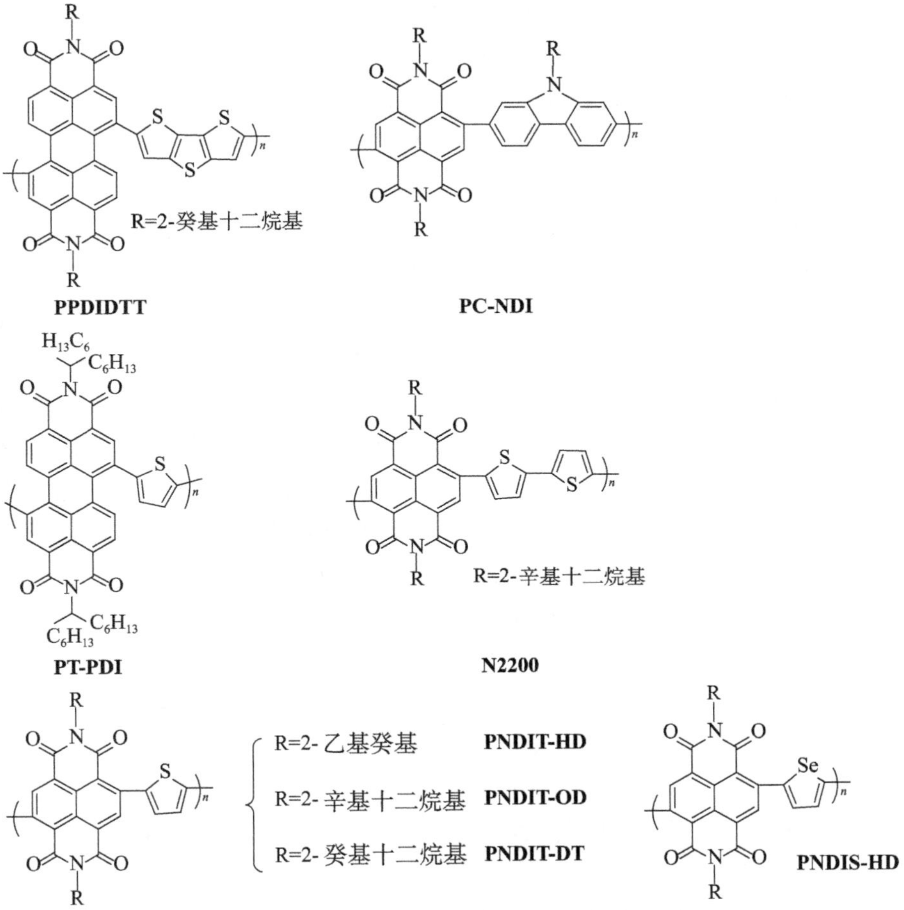

R=2-癸基十二烷基　**PPDIDTT**

PC-NDI

PT-PDI

R=2-辛基十二烷基　**N2200**

R=2-乙基癸基　　**PNDIT-HD**
R=2-辛基十二烷基　**PNDIT-OD**
R=2-癸基十二烷基　**PNDIT-DT**

PNDIS-HD

图 3-34　常见的高性能聚合物受体

除了上面介绍的活性层材料，电极界面修饰材料对光伏器件光电转换效率及稳定性也有重要的影响。界面修饰层可以优化电极和活性层之间的界面能级分布、改善电荷分离、改变光活性层的表面形貌、引入光学隔离并调节光活性层对太阳能光的吸收、替代位于光活性层和金属电极之间的活泼金属，从而提高了光伏器件的稳定性[171]。

应用最广泛的界面修饰层材料是无机金属氧化物材料，其中钛氧化物、氧化锌导带能量与富勒烯受体材料的电子传输能量非常匹配，同时它们的价带能量较深，能够有效地对空穴起到阻隔作用，通常用作阴极界面层修饰材料[186]；具有无定形性质的钛氧化物能够通过低温溶胶-凝胶法在光活性层的表面沉积，从而制备光伏器件[187]。

钛氧化物修饰层不仅具有良好的电荷选择性还能产生光学隔离，同时还能有效阻隔水和氧的侵入，使得器件的光电转换效率大幅提高。Heeger 小组曾报道在 PCDTBT：PC71BM 体系中使用钛氧化物作为器件的阴极界面修饰层之后，器件的光电转换效率达到了 6.10%[121]。同年，美国加州大学洛杉矶分校杨阳小组在二氧化钛纳米颗粒中掺杂了铯（Cs），发现其能够降低电极的功函数从而使得电子的抽提更有效。基于 P₃HT/PCBM 光活性层的研究体系，这种掺杂与使用纯净的二氧化钛作为器件的阴极界面修饰层相比，光电转换效率大幅提高[188]。

氧化锌的电子结构与钛氧化物的很类似，具有良好的电荷选择性。而氧化锌的一个特别之处还在于其纳米颗粒的电子迁移率相当高 [2.50 厘米²/（伏·秒）][189]，能够最大限度地实现器件的欧姆接触。其电子性能能够使其轻松地形成氧化锌的自组装分子层[190, 191]，从而在氧化锌界面修饰层和金属电极之间形成有效的接触。2013 年，台湾清华大学陈寿安小组设计合成了一种新型的富勒烯衍生物掺杂的氧化锌材料锌-富勒烯。将其作为阴极界面修饰材料运用到了光伏器件的制备中，光伏器件的光电转换效率达到了 9.35%[142]。

目前用作阳极界面层的 PEDOT：PSS 具有一定的酸性，容易腐蚀 ITO，造成器件光电转换效率的下降；而 NiO、MoO₃、V₂O₅、WO₃、RuO₂、CuO$_x$、CrO$_x$ 和 ReO$_x$ 等金属氧化物由于具有与给体材料的 HOMO 相匹配的能级，并具有宽的带隙，因而被发展成新型的阳极界面修饰层[192]。其中华北电力大学谭占鳌与李永舫研究组合作采用溶液加工制备 ReO$_x$ 作为阳极界面修饰层，取代 PEDOT：PSS，可以使得活性层在 400 ～ 550 纳米吸收增强，可以获得 8.75% 的光电转换效率[193]。

2004 年，曹镛研究组将共轭的聚合物界面修饰材料 PFN 作为电子收集层运用到了有机发光二极管的研究中[194]取得了不错的研究成果，之后他们将其延伸到有机太阳电池的研究中。他们使用 PFN 为阴极修饰层使基于 PTB7 的反式结构聚合物太阳电池获得了 9.20% 的光电转换效率[123]。自此，醇溶性的共轭聚合物阴极修饰层材料受到了科研工作者们的青睐。D. Kim 小组在 2010 年报道了一种醇溶性的聚芴衍生物 WPF-oxy-F，它能够有效地降低不同金属电极（铝、银、铜和金等）的功函数，使光活性层和阴极之间形成欧姆接触，从而提高器件的光电转换效率[195]。G. Bazan 小组报道了阳离子聚噻吩材料 P₃TMAHT 和它与聚芴单元共聚后的衍生物材料 PF2/6-b-P₃TMAHT，可以使器件的光电转换效率从 5% 显著提高至 6.30%[196]。陈寿安小组报道的化合物 PFCn6：K⁺（图 3-35），基于 P₃HT/ICBA 的研究体系，使器件的光电转换效率从 3.87% 提高至 7.50%[197]。

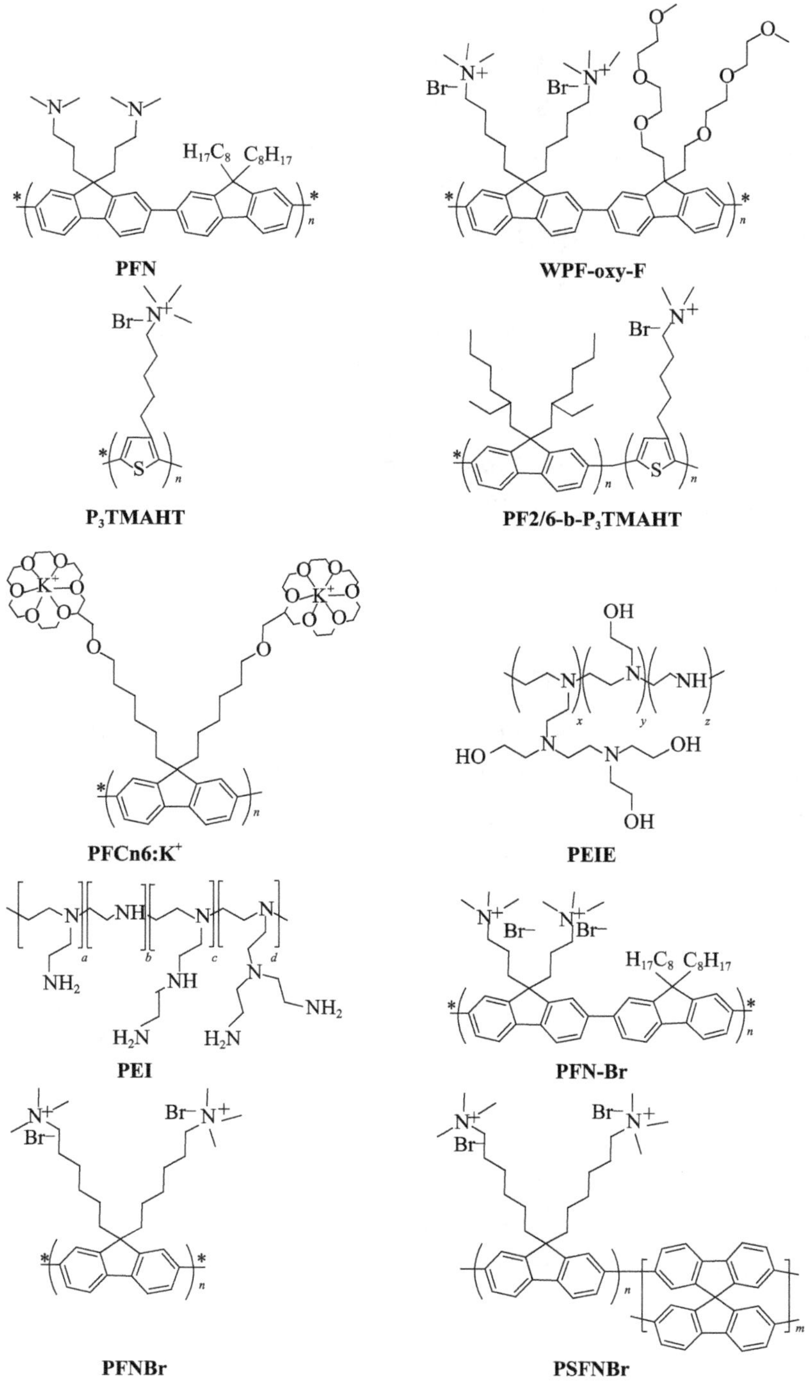

图 3-35 聚电解质阴极界面修饰层材料

美国阿科隆大学巩雄研究组报道的 PFNBr（图 3-35）在反向光伏器件的制备中可使光电转换效率从 6.10%（氧化锌作为阴极界面修饰层）提高至 8.40%[140]。澳大利亚 CSIRO 陈希文等报道了醇溶性共轭聚合物及其铵盐（PFNBr 和 PSFNBr），能够使 PFOTBT：PC61BM 光活性层体系的光电转换效率从 2.62% 提高至 4.67%[198]。之后他们合成了一种新型的三维超支化阴极界面修饰材料 HBPFN，与李永舫研究组合作使用该阴极修饰层材料使器件的光电转换效率从 4.80% 提高至 7.70%[199]。此外，B. Kippelen 等报道的绝缘聚合物聚乙烯亚胺（PEIE 和 PEI）[200] 材料是一类带有多种多级胺基团和羟基的聚合物材料，他们将其用于阴极界面修饰层能取得不错的结果。

富勒烯衍生物材料（如 PCBM、ICBA）是使用广泛的电子受体，将这类衍生物材料用作有机光伏器件的界面修饰层，可以使其与光活性层的能级、电子传输能力非常匹配，同时还具有良好的化学兼容性[186]。

A. Jen 小组设计合成得到了富勒烯衍生物阴极界面修饰材料 Bis-C_{60}-ETM，如图 3-36 所示[201]。当铝、银和铜作为材料的阴极时，加入 Bis-C_{60}-ETM 都能使器件的光伏性能有不同程度的提高[201]。之后，该小组又合成得到了富勒烯的衍生物吡咯富勒烯（FP）和富勒烯的碘离子吡咯烷鎓盐（FPI）。其中，吡咯烷鎓盐材料的导电率为 2 西［门子］/米，远高于半导体材料吡咯富勒烯。材料变成碘盐之后，电荷传输性能发生巨大改变，由一个半导体材料变成了导电的 n 型掺杂材料。作为阴极界面修饰材料插入器件时，其光电转换效率能增长 40% ~ 70%[202]。

2012 年，曹镛小组设计合成得到了一种含磷的富勒烯衍生材料 B-PCPO，基于 PCDTBT：PC71BM 光活性层制备反向结构光伏器件，光电转换效率可以从 4.83% 提高至 6.20%。与传统无机氧化锌阴极界面修饰材料相比，其光电转换效率提高了近 17%[203]。之后，他们小组又合成了带有氨基修饰的富勒烯衍生物材料 PC71BM-N，也能明显改善器件的光电转换效率[204]。

陈希文与李永舫研究组合作报道了一种带有氨基的富勒烯衍生物材料 PCBDAN[205]。将 PCBDAN 作为阴极界面修饰材料插入到 PBDTTT-C-T：PC71BM，能使器件的光电转换效率显著提高。基于 PBDTTT-C-T：PC71BM 活性层体系，其光电转换效率最高可以达到 7.70%[206]。

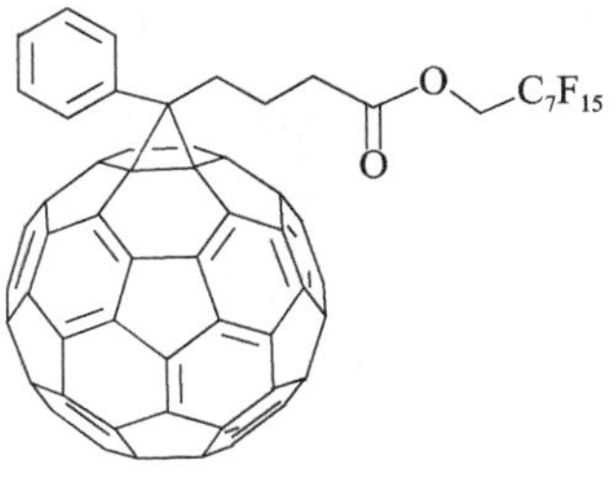

F-PCBM

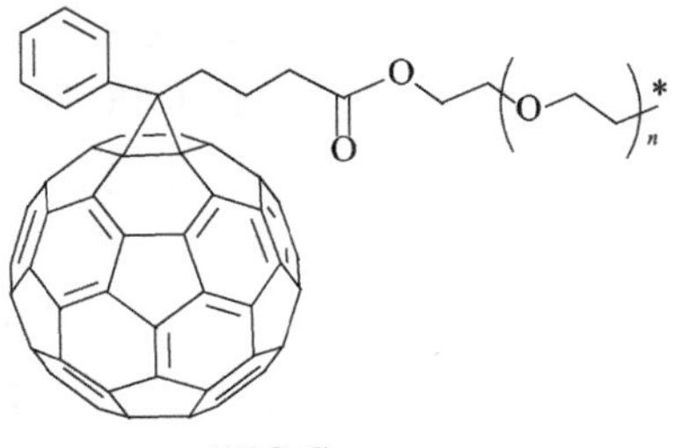

PEG-C$_{60}$

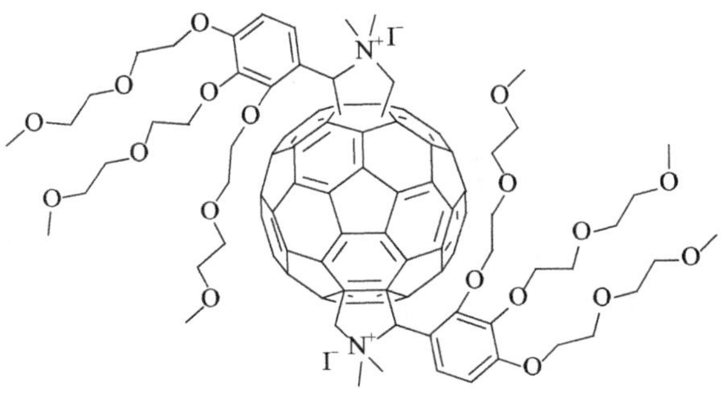

Bis-C$_{60}$-ETM

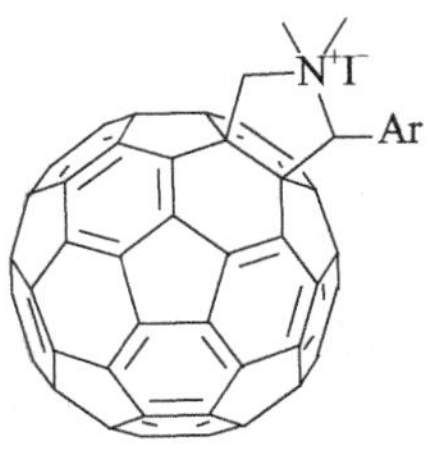

FPI

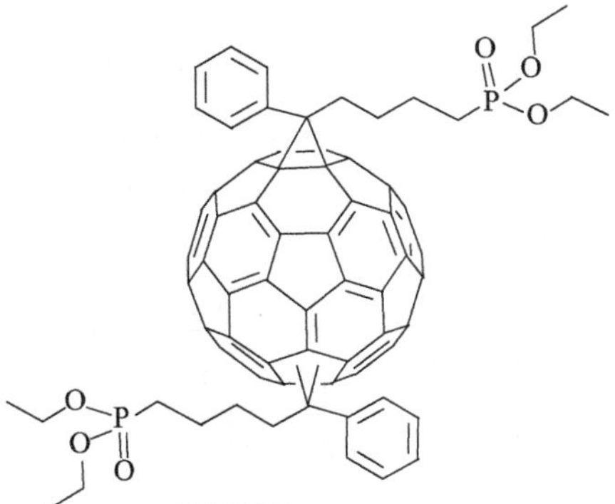

B-PCPO

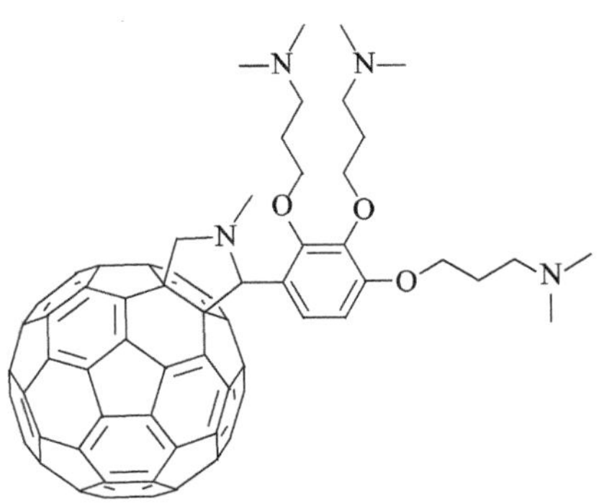

C$_{60}$-N

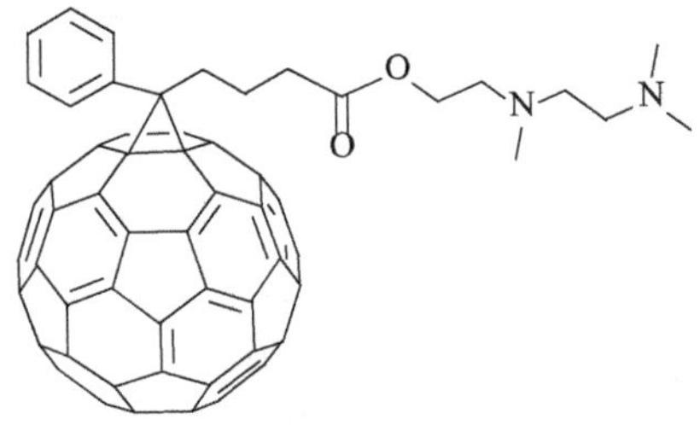

PCBDAN

图 3-36 富勒烯衍生物阴极界面修饰材料

此外，Hashimoto 和 Jo 等小组均发现了富勒烯衍生物材料的自组装性能。它们分别合成了材料 F-PCBM 和 PEG-C_{60}[207-209]。将少量的 F-PCBM 和 PEG-C_{60} 分别加入 P_3HT∶PCBM 的混合溶液，在薄膜干燥的过程中，富勒烯衍生物材料会通过自组织的方式在光活性层的表面形成一层很薄的阴极界面修饰层。它们能在光活性层和阴极电极的界面产生偶极作用，形成良好的欧姆接触从而提高器件的光电转换效率。

最近，T. Emrick 研究组报道了一种新型富勒烯衍生物阴极修饰层 C_{60}-N。其能够有效降低不同金属的功函数。更重要的是，这种界面层不需要精确控制其厚度，在 5 ～ 55 纳米范围都能获得高的光电转换效率[210]。

（六）聚合物太阳电池的性能优化策略

准确清晰地理解聚合物太阳电池的构效关系，可以为优化其器件性能提供理性的指导。聚合物太阳电池的光电转换效率正比于短路电流、开路电压和填充因子三个关键性能参数。因此，对上述三个关键性能参数的优化是实现高光电转换效率聚合物太阳电池的关键。从调控活性层材料的分子结构与性质出发，结合对活性层制备方式和器件结构的改进，可以获得高光电转换效率的太阳电池器件。从聚合物太阳电池活性层材料的分子结构到活性层材料的基本性质（吸收光谱、分子能级、迁移率、微观形貌等），再到光电流产生过程的五个基本物理过程（激子生成、激子扩散、电荷分离、电荷传输、电荷收集），最后到太阳电池器件的三个关键性能参数（短路电流、开路电压和填充因子）及核心指标光电转换效率等五个层面，它们之间的相互影响构成了聚合物太阳电池研究的构效关系（图 3-37）。

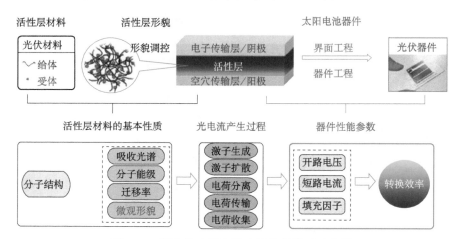

图 3-37　聚合物太阳电池中的构效关系示意图

例如，为了获得高的短路电流，必须使活性层材料的吸收光谱得到有效的拓宽，从而得到具有宽光谱响应的太阳电池；为了获得高的开路电压，必须使活性层中的给体、受体材料的分子能级得到有效调控，从而减少光电流产生过程中的能量损失。另外，一些活性层材料虽然具有理想的吸收光谱与分子能级及良好的载流子迁移率，但是其微观形貌及光伏性能并不理想。因此，如何同时取得优异的材料特性已经逐渐成为活性层材料设计的瓶颈之一。

获得高性能聚合物太阳电池的难点在于：设计和合成性能更加优异的活性层给体和受体光伏材料、活性层给体/受体共混形貌的调控和优化、选择合适的电极界面修饰层材料、优化器件结构及优化光电转换的各个基本物理过程。因此探索和开发更高效的聚合物太阳电池光伏材料和界面修饰层材料及器件制备工艺是聚合物太阳电池技术面向应用的必经之路。

第四章
发展思路与发展方向

第一节　光电能量转换和绿色地球

一、发展太阳电池科学技术的重要性

建设绿色地球实际上涉及能源与环境问题。能源危机与环境污染是人类社会发展面临的两大难题。毋庸置疑，建设绿色地球的根本出路就是解决好能源和环境这两个与人类生活息息相关的重要问题。太阳电池是一种利用光伏效应实现光电能量转换的半导体器件，太阳电池技术是具有大规模应用潜力的一种绿色清洁能源技术。虽然除了太阳能之外，可再生能源还包括核能、风能、生物质能等，但是这些能源在利用上都存在各种问题，如核能利用存在安全风险、风能使用存在地域限制、生物质能使用会占用耕地等。太阳能不但使用潜力无限，而且利用太阳电池发电非常安全环保。因此，建设绿色地球，大力发展以光电能量转换为主要特征的太阳电池科学与技术是当前的主要任务。

二、太阳电池科学技术的发展历程和思路

太阳电池技术经过 60 多年的发展研究，从最初的单晶硅太阳电池发展到现在包括单晶硅、多晶硅、砷化镓、非晶硅薄膜、碲化镉、铜铟镓硒、染料敏化、有机、量子点、钙钛矿等多种材料体系并存的太阳电池大家族。太阳

电池也因此被分成了三代。第一代是以单晶硅和砷化镓等单晶材料制备的太阳电池为代表。第二代是以非晶硅、碲化镉、砷化镓和铜铟镓硒等半导体薄膜太阳电池为代表。第三代太阳电池则有两种提法：一种是把染料敏化、量子点、钙钛矿、等离子体激元等所有新材料、新技术的太阳电池都称为第三代；另一种提法仅指理论上同时具有超高光电转换效率和低成本的新概念太阳电池，包括中间能带太阳电池、碰撞电离太阳电池、热载流子太阳电池等。

三、主要太阳电池品种的发展方向

（一）第一代太阳电池

1. 单晶硅太阳电池和多晶硅太阳电池

目前，单晶硅太阳电池和多晶硅太阳电池由于制备工艺成熟、组件效率高，是应用规模最大的太阳电池，占据了大部分的太阳电池应用市场。预计在未来 10 年时间里，其仍然是太阳电池应用的主要类型。单晶硅太阳电池和多晶硅太阳电池的优点是原料来源丰富、无毒，电池及组件光电转换效率高；缺点是提纯单晶硅和多晶硅原料成本较高，生产能耗高，占整个太阳电池成本比重大，反应过程中化学原料利用率低，反应产物污染性大，需要闭环回收利用。为了降低晶硅太阳电池的生产成本，目前的研究发展方向是：一方面在保证光的充分吸收和不降低电池效率的前提下，尽可能降低单晶硅片和多晶硅片的厚度，从而降低晶硅原料成本。由于硅是间接带隙半导体材料，理论上 200 微米厚度的硅片可以吸收大部分的入射太阳光，但是硅片的机械性能随厚度减薄而变脆弱，这就需要在硅棒/锭切片和太阳电池制备工艺中做大量的技术创新，因此这个方案在技术实现上有很大的挑战性。另一方面，通过采用新的电池结构，提高产业化晶硅太阳电池光电转换效率。例如，2014 年报道的叉指背接触结构太阳电池（IBC）和异质结背接触结构太阳电池（HBC）将前电极从电池背面引出，基本解决了前电极的遮光问题，光电转换效率都突破了 25%[211-214]。

2. 高效砷化镓基太阳电池

高效砷化镓基太阳电池通常制备成多结叠层电池器件，在实用太阳电池大家族里具有最高的光电转换效率。近年来，其光电转换效率也在稳步提升，如最新报道的四结砷化镓基太阳电池在聚光条件下的光电转换效率接近

50%。多结叠层砷化镓电池的原材料和设备价格昂贵，主要面向航天领域和地面聚光光伏发电领域的应用市场。

（二）第二代太阳电池

以非晶硅、碲化镉和铜铟镓硒等薄膜太阳电池为代表的第二代太阳电池则具有原材料使用量较少、便于大面积生产、外观可视性较好的优点。在实验室研究方面，小面积碲化镉薄膜太阳电池、铜铟镓硒薄膜太阳电池的最高光电转换效率都已突破21%，超越多晶硅太阳电池的最高光电转换效率（20.30%）。因此，相比第一代太阳电池，薄膜太阳电池具有三个明显优势。第一，薄膜电池组件吸收层的材料用量少，由于薄膜太阳电池的吸收层材料一般具有较大的可见光吸收系数，只需要几微米的厚度就可以实现对绝大部分入射光的吸收，因此，可以降低材料成本。第二，薄膜太阳电池具有较好的弱光响应和较小的温度系数。因此，相同光电转换效率的薄膜太阳电池比晶硅太阳电池有更好的发电出力。第三，薄膜太阳电池还可以在不锈钢箔、聚合物等衬底上制备成柔性太阳电池，扩展太阳电池的使用范围。例如，柔性薄膜太阳电池容易铺设在各种形状建筑的受光面上，更适合光伏建筑一体化（BIPV）应用；又如，柔性薄膜太阳电池质量轻、可弯曲、易携带，更适合应用在便携式或可穿戴设备上。

1. 非晶硅薄膜太阳电池

非晶硅薄膜太阳电池是最早得到商业化应用的薄膜太阳电池，由于光电转换效率较低且光电转换效率的提升缓慢，存在严重的光致衰减效应（S-W效应），市场占有份额已低于5%。但是，非晶硅薄膜太阳电池的原材料储量丰富，元素环境友好，是值得大力发展的太阳电池类型。随着技术发展，如果非晶硅太阳电池的光电转换效率低和光致衰减效应两大问题得到解决，非晶硅薄膜太阳电池将会迎来广阔的发展空间。

2. 碲化镉薄膜太阳电池

碲化镉薄膜太阳电池是产业化最成功的薄膜太阳电池，它在实验室研究（光电转换效率提升）和产业化发展（大面积电池制备和太阳能电站建设）方面都表现突出，是薄膜太阳电池中的典范。大面积碲化镉薄膜太阳电池组件的工业制程基本成熟，实验室小面积电池最高光电转换效率达到21.50%，商业组件的最高孔径光电转换效率达到18.60%。目前，碲化镉薄膜太阳电池在技术层面上面临两个重要挑战：第一，在现在高光电转换效率碲化镉薄膜电池的背景下，如何不断地继续提高电池器件光电转换效率，保持甚至增大其在未来光伏市场上的竞争力？第二，铜背接触工艺是实现碲化镉和背电极之间欧姆接触的最佳方式，但在较高温度下的稳定性如何提高？探索新的背接触层材料提高电池的老化性能和高温稳定性是碲化镉薄膜太阳电池的一个重要研究方向。

碲化镉薄膜太阳电池的大规模应用还需考虑资源和环境问题。一方面，碲（Te）是地球上的稀有元素，储量有限，碲化镉薄膜太阳电池如果大规模应用，必然会受到碲原料供应的极大制约。另一方面，镉（Cd）元素有剧毒，生产和使用碲化镉薄膜太阳电池过程中对人体及环境存在潜在威胁。通过加强电池制备过程中镉元素的管控及建立碲化镉薄膜太阳电池的使用回收机制可以降低镉元素流失的风险[215]。

3. 铜铟镓硒薄膜太阳电池

2015 年报道的在玻璃衬底制备的铜铟镓硒薄膜太阳电池的实验室最高光电转换效率达到 21.70%，超过多晶硅太阳电池的实验室最高光电转换效率。2013 年报道的在聚酰亚胺衬底上制备的柔性铜铟镓硒薄膜太阳电池的最高光电转换效率也达到 20.40%。硫化镉缓冲层和铜铟镓硒中晶格缺陷是限制铜铟镓硒薄膜太阳电池光电转换效率提高的两个主要因素。由于作为缓冲层的 n-硫化镉半导体材料的带隙偏窄（2.40 电子伏），它的无效光吸收降低了电池器件对于短波光区的光谱响应，减小了电池器件的短路电流。解决途径有两个：一是尽可能减薄硫化镉薄膜层厚度，在极薄硫化镉（10 纳米）的电池器件制备中如何保证形成高质量的硫化镉/铜铟镓硒（CdS/CIGS）异质结是一个关键问题，有研究报道利用 KF-PDT 工艺或许是一个可行方法。二是采用更宽带隙半导体材料取代硫化镉薄膜，新材料与铜铟镓硒必须同时满足合适的能带带阶和界面晶格匹配，新型缓冲层锌（氧，硫）材料具有良好表现，值得深入研究。

如果能够进一步降低铜铟镓硒的缺陷，必然可以提高电池器件的短路电流和开路电压。铜铟镓硒的缺陷在实验室中的研究相对较少，主要以理论计算研究为主，这可能与两个因素有关：第一，由于铜铟镓硒的组成元素较多，铜铟镓硒的缺陷种类和数量与其制备方法密切相关，不同方法制备的铜铟镓硒具有不同的缺陷类型。第二，铜铟镓硒中的晶格缺陷还缺乏从原子尺度直接观测确认的方法，主要通过电学或光谱方法测量其缺陷激活能，然后和理论计算缺陷能级比对来指认主要缺陷，该方法对于电离能相近的缺陷类型容易混淆甚至无法区分。尽管研究难度很大，但从研究趋势上看，继续深入开展铜铟镓硒缺陷研究，特别是相关实验研究，寻找缺陷控制的规律和方法对于进一步提高铜铟镓硒薄膜太阳电池光电转换效率具有非常重要的意义。

因为铜铟镓硒薄膜太阳电池组成元素较多，控制难度较大，所以其在产业化方面稍落后于非晶硅太阳电池和碲化镉薄膜太阳电池。由于铜铟镓硒薄膜组成元素中含稀有元素铟（In），实现吉瓦量级生产的原料供应应该没有问题，如果产能放大到太瓦量级，铟元素的地球储量将无法满足需求。因此从原材料供应的角度来看，需要寻找铟的替代元素，其中铜锌锡硫硒薄膜是最有希望成为替代铜铟镓硒薄膜的候选材料体系，是当前研究的一个热点。

（三）第三代太阳电池

1. 染料敏化太阳电池

染料敏化太阳电池不是半导体 p-n 结太阳电池，而是一种光电化学电池，所以一般把它归为新型太阳电池或广义上的第三代太阳电池。染料敏化太阳电池最大的优势在于低成本和制备工艺简单，主要缺点在于光电转换效率比其他薄膜太阳电池稍低，需要进一步提高。在未来的研究方向上，寻找新型、高效光敏化剂是提高光电转换效率的关键，如近年来将有机钙钛矿 $CH_3NH_3PbI_3$ 纳米颗粒作为光敏化剂取得非常好的效果。另外，大力发展固态电解质染料敏化也是其重要发展方向，可以提高染料敏化太阳电池的稳定性，延长其使用寿命，有助于染料敏化太阳电池的产业化。

2. 有机薄膜太阳电池

有机薄膜太阳电池与染料敏化太阳电池一样，也是属于新型器件结构的太阳电池。具体而言，它是以有机小分子或聚合物为吸收层的光伏器件。有机太阳电池的研究尚处于初级阶段，光电转换效率较低，与无机太阳电池还有较大差距，使用寿命也较短。但是由于有机薄膜太阳电池具有低成本、制备工艺简单和柔性等突出优点，一旦它的低光电转换效率和短寿命问题得到解决或改善，必将在服装、便携式电子设备等领域得到广泛的应用。

3. 钙钛矿太阳电池

钙钛矿太阳电池是新型太阳电池的杰出代表，也是太阳电池领域的前沿研究热点。它从 2009 年横空出世，到 2015 年报道的其最高光电转换效率已经超过 20%，光电转换效率提升之快，前所未有。钙钛矿太阳电池利用 $CH_3NH_3PbI_3$ 作为吸光材料，材料禁带宽度约 1.50 电子伏，光吸收系数大，电子和空穴的扩散长度大，因此特别适合作为太阳电池吸光材料。钙钛矿太阳电池的结构是由染料敏化太阳电池演化而来，经过研究发展，形成了 p-i-n 结构平面型异质结电池形式，其中 $CH_3NH_3PbI_3$ 吸光材料作为 i 层。钙钛矿太阳电池未来发展主要面临两个关键问题：第一，电池的稳定性问题，虽然钙钛矿太阳电池的光电转换效率很高，但它在大气环境下衰减非常严重，还没有较好的办法解决。第二，有毒重金属元素铅的替代。吸光材料 $CH_3NH_3PbI_3$ 含铅，易对环境造成污染，对人体构成健康威胁。如何实现铅元素的有效替换，同时保证电池的高光电转换效率？这个问题尚未解决，值得深入研究。

4. 其他新型电池

除了染料敏化太阳电池、有机太阳电池和钙钛矿太阳电池外，广义的第三代太阳电池还包括量子点太阳电池、表面等离子激元太阳电池、中间能带太阳电池、热载流子太阳电池和碰撞电离太阳电池等新概念电池技术。量子点太阳电池目前还是科学研究的前沿热点技术，由于限制其电池效率的一些基本问题尚未解决，已报道电池的光电转换效率较低，但它的潜在应用前景不可忽视。表面等离子激元不是一种电池器件，而是增强光吸收的一种新型手段。现有实验研究显示，该技术确实能部分增加光的吸收，但还没有达到预期效果，对电池效率提升作用有限。通过加强表面等离子激元的机理研究，期望能够将它更好地运用在太阳电池技术中。中间能带太阳电池、热载流子太阳电池和碰撞电离太阳电池都属于新概念电池，它们的结构和工作原理在物理上是可行的，但由于当前制备工艺的限制，还没有高光电转换效率的电池器件报道。但由于它们在理论上具有超高的光电转换效率（远大于 p-n 结太阳电池极限效率 33%），因此新概念电池的意义更多在于给人们指明了未来太阳电池技术发展的大方向，激励科学家们不断探索。

第二节　太阳电池产业的发展策略

太阳能光伏发电简称太阳能光伏或光伏，是利用半导体的光生伏特效应将太阳能转换为电能的太阳能利用方式。太阳能光伏发电的核心是太阳电池。太阳电池按照所用材料的不同分为单晶硅太阳电池、多晶硅太阳电池、硅薄膜太阳电池、碲化镉太阳电池（Ⅱ-Ⅵ族太阳电池）、铜铟镓硒太阳电池、染料敏化太阳电池、有机太阳电池、Ⅲ-Ⅴ族太阳电池（主要是砷化镓太阳电池）、量子点太阳电池、钙钛矿太阳电池等。

太阳电池产业指以硅材料的应用开发到电池组件、光伏系统及相关生产设备制造的完整产业链条，包括高纯多晶硅、单晶硅、太阳电池、电池组件的生产及相关生产设备的制造等。

一、国际发展策略

欧洲光伏产业协会（Solar Power Europe，EPIA）于2009年发布了"2020年发展目标"研究报告。该报告明确了到2020年可能会采取的3种光伏发展方案：基本情况是到2020年太阳能光伏发电可以满足欧洲电力需求的4%；加速发展状况是电力基础设施无重大变化影响下太阳能光伏发电最多能满足欧洲电力需求的6%；理想状态是到2020年太阳能光伏发电满足欧洲电力需求的12%。日本已经制定了到2020年太阳能光伏发电安装量达28吉瓦、2030年达53吉瓦的远大目标。

国际能源署于2013年发布的《太阳能光伏发展技术路线图》提出了2020年世界光伏累计装机容量将达到200吉瓦，光伏装机市场将达到34吉瓦/年，市场份额将达到1%，国际光伏市场将逐步过渡到自我维系的市场。

二、国内发展策略

按照国家到2020年电力装机规划，2020年可再生能源总装机量将达到约695吉瓦。规划水电装机为350吉瓦，风电装机为200吉瓦，光伏装机为100吉瓦。要达到这一目标，"十三五"期间太阳能光伏装机将达到65吉瓦。太阳能光伏国内市场的加速发展，将有助于改善我国的光伏产业市场在外受制于人的不利局面，为我国光伏产业的健康发展奠定基础。

光伏发电发展的最大制约因素是成本高，太阳电池占光伏发电系统价格的50%左右，因此开发廉价、高效、高可靠、高稳定、长寿命太阳电池就成为各国攻关的焦点。"十三五"期间，国内光伏市场将加速发展，中国将取代欧洲成为世界上最大的光伏市场。面对国际、国内严峻的市场环境，中国光伏产业已进入战略转型期。

就太阳电池技术本身来说，太阳电池研究和开发主要围绕已经商业化的晶硅太阳电池、非晶硅薄膜太阳电池、碲化镉薄膜太阳电池、铜铟镓硒薄膜太阳电池及聚光太阳电池进行，旨在进一步提高电池效率并降低电池成本。对于下一代太阳电池的研发，各国都投入了很大的资金和研究力量，研究包括晶硅薄膜太阳电池、染料敏化太阳电池、有机薄膜太阳电池、纳米太阳电池、分光吸收太阳电池、新型钙钛矿太阳电池，旨在占领未来高效低成本的太阳电池开发制高点。

"十三五"期间，应着重开展规模化高效节能低成本太阳能级多晶硅的清洁生产技术和太阳电池关键原料［如高纯硅烷、锗烷和配套材料（如封装材料 EVA、背板材料等）］批量国产化制备技术；太阳能级半导体材料的批量国产化技术；高效、低成本太阳电池制备技术，包括钙钛矿太阳电池、量子点太阳电池等在内的新型太阳电池实用化技术；百兆瓦级电池组件成套关键技术及装备；太阳电池整线成套装备研制及集成技术等。开发具有自主知识产权的太阳电池材料、器件、组件、系统的核心技术和关键设备，特别是高性能太阳电池低成本制备的关键设备，依靠科技进步提高国内光伏企业的核心竞争力；加强新型太阳电池研发的支持力度，促使这些新型太阳电池从实验室走向产业化。

第三节　能源互联网建设

一、能源互联网的概念

随着世界经济的持续发展及生产能力的不断提升，人类社会对化石能源（如煤炭、石油等）的需求激增，这些有限的传统能源储量随之不断减少，能源问题已成为制约传统产业未来可持续发展的瓶颈。为了应对日益严重的能源危机，各国积极探寻新能源技术，特别是太阳能、风能、生物能等可再生能源，因其取之不尽、用之不竭、清洁环保的特点，受到世界各国的高度重视。然而，可再生能源存在地理上分散、规模小、生产不连续及随机性和波动性等特点，使得其难以被有效利用，也很难适应传统电力网络集中统一的管理方式。作为信息技术与可再生能源相结合的产物，能源互联网为解决可再生能源的有效利用问题，即实现分布式的"就地收集、就地存储、就地使用"，提供了可行的技术方案。

能源互联网是通过先进的电力电子技术、信息技术和智能管理技术，将大量由分布式能量采集装置、分布式能量储存装置和各种负载构成的新型电力网络节点互连起来，同时与其他形式的能源网络相融合，实现能源和信息双向流动的能源对等交换与共享网络。能源互联网中的节点将以微电网（能源局域网）的形式存在。微电网就是能够独立运行或作为一个整体与公共电网联网的分布式供电系统。如果微电网小到每家每户，未来的能源网络就像现在的互联网一样，家家户户可以自己创造能源、使用能源，并通过能源互联网络与其他用户交换和分享能源。

二、太阳电池发展有效推动能源互联网发展

（一）分布式发电系统

分布式发电系统是能源互联网的重要组成部分，而现阶段分布式可再生能源的利用又以太阳能发电、风能发电为主，因此太阳电池的发展进步必将大大推动能源互联网的建设与发展。在能源互联网中，分布式能源系统既可以生产或存储电能，也可以产生和利用热能，同时还可以对能源进行综合利用和控制。分布式能源一般位于用户侧，优先满足用户的自身需求，即主要为居民用户供电，既可以与配电网连接，也可以独立运行。风电发电系统、太阳能发电系统、生物质发电系统的分布式能源具有能源梯级利用、光电转换效率高的特点，可以作为大电网供电的有益补充。就太阳能开发来看，我国太阳能资源分布广泛，特别是在智能电网高度发达、储能技术取得重要突破、城镇化高度发展的情况下，城市分布式太阳能发电系统将逐渐成为发展重点。作为最主要的分布式发电形式，太阳能光伏发电在未来能源互联网中的比例也将进一步增大。

（二）太阳能发电的方式

太阳能发电的方式主要包括光伏发电、光化学发电、光感应发电和光生物发电。其中，光伏发电是太阳能利用的最主要方式。太阳能光伏发电是指利用太阳电池这种半导体电子器件有效地吸收太阳光辐射，并使之转换为电能的直接发电方式。太阳电池是一种具有光-电转换特性的半导体器件，它直接将太阳辐射能转换成直流电，是光伏发电的最基本单元。因此，太阳电池的性能和光电转换效率将直接决定能源互联网中光伏发电系统的性能。

（三）太阳能光伏发电的优缺点

虽然太阳能光伏发电有很多优点，如太阳能资源取之不尽、用之不竭，

发电方式绿色环保，系统使用寿命长，建设周期短等，但其同时也存在一些有待改善的缺点。

首先，能量密度低，光电转换效率低。尽管太阳投向地球的能量总和极其巨大，但由于地球表面积也很大，致使单位面积上能够直接获得的太阳能量却很小。由于太阳能光伏发电是利用太阳电池将光能转换为电能，这就使得在选取太阳电池原材料时不仅要考虑材料的吸光效果，还要考虑它的光导效果。从太阳能发展的情况来看，材料的选取仍旧是有待提高的突破点。太阳电池按材料分类主要包括硅材料太阳电池、化合物太阳电池及有机半导体太阳电池。太阳电池材料的一般要求是具有相对较高的光电转换效率、本身不会对环境造成污染、便于工业化生产、材料性能稳定。因此硅材料是现阶段最理想的太阳电池材料，也是太阳电池应用最多的半导体材料。但随着新材料的不断开发和相关技术的发展，以其他新材料为基础的太阳电池有望得到新的发展，也将进一步提高光伏发电系统的光电转换效率而推动能源互联网的建设。

其次，太阳能光伏发电成本高。在太阳电池中，硅系太阳电池是发展最成熟的，但是其成本居高不下，导致其电价偏高，不能满足大规模推广应用的要求。截至 2019 年，太阳能光伏发电的成本仍是其他常规发电方式的几倍，这也成为制约其广泛应用的最主要因素。未来，随着太阳电池技术的进步，如提高电池组件的光电转换效率及薄片化，同时实现光伏产业的规模化生产，光伏发电成本高的问题将会逐步得到解决。

三、能源互联网的建设与发展促进太阳电池发展

新能源被认为是全球第三次工业革命的核心，而以光伏和风电为代表的中国新能源产业近年来快速发展，并在国际市场觅得先机。欧美国家相继对中国新能源展开"双反"。这从表面上看是一场国际贸易纠纷，但从深层次分析则是在全球第三次工业革命中争夺先机的一场战争。在中国光伏和风电产业等中国战略性新兴产业受到欧美等国际市场的制约情况下，迫切要求我国开展能源互联网的建设，通过能源互联网的建设，培育国内市场，建设立足国内、面向全球的光伏和风电制造产业和服务体系，促进国内分布式电力市场的发育成熟，以便在新一轮产业革命与能源革命中立于不败之地。

中国太阳电池产量自 2007 年就达到了 1088 兆瓦，占当时世界太阳电池总产量的 27.20%，并超过欧洲（1062.80 兆瓦）和日本（920 兆瓦），一跃成为世界太阳电池的第一生产国。与太阳电池生产发展迅速相比，作为光伏制

造大国，中国的光伏发电市场的需求发展速度一直较慢。其中，2007年太阳电池产量的95%以上需要出口到国际市场，国内市场仅占了一小部分。

随着能源互联网建设的开展，中国太阳电池及光伏发电市场将得到促进发展。能源互联网中的节点以微电网的形式存在，微电网中的光伏发电系统根据运行方式可以分为独立系统、并网系统和混合系统。因此，能源互联网的建设既可以发挥太阳能光伏发电适宜分散供电的优势，在偏远地区推广使用户用光伏发电系统或建设小型光伏电站，解决无电人口的供电问题，又可以在城市的建筑物和公共设施配套安装太阳能光伏发电装置，扩大城市可再生能源的利用量，并为太阳能光伏发电提供必要的市场规模，从而解决太阳电池产能过剩的问题，使我国成为太阳电池"生产大国，消费大国"。

能源互联网建设的广泛推广还能促进产业科技水平的提高，推动太阳电池生产发展。中国的太阳电池生产制造能力发展迅速，但是科技水平提高不够快，与国际先进水平有不小差距。这主要体现在原料依靠进口，产品以出口为主。其中，多晶硅原料90%以上依赖进口，高纯晶硅的生产更是长期受国外公司的垄断。为了更好地推广建设能源互联网，我们不得不加强应用技术的研发创新，提高科技水平，不断缩小差距，最终打破技术垄断，取得太阳电池、光伏产业等方面自己独立的知识产权，进而在新的产业革命中占据先机。

此外，科技发展需要人才。我国太阳电池产业虽然快速发展，但是有一定水平的、能解决科研和实际问题的光伏中高级科技人才却比较紧缺，成为一个薄弱环节。随着能源互联网研究的兴起，相关院校可以设立太阳电池专业培养本科生、研究生等不同层次的人才。只有相关专业的科技人才增多了，太阳电池和光伏产业的发展才能获得源源不断的动力。

四、能源互联网建设关键技术分析

能源互联网作为可再生能源平等、开放、高效融入传统能源系统的技术手段，是信息互联网发展中产生的开源创造和分布架构两种重要思想融入传统能源系统的必然产物，是生产关系和生产要素互联网化之后传统能源结构演进的必然结果，是工业文明向信息文明迈进的核心理念和技术体系。

与其他形式的电力系统相比，能源互联网具有可再生能源高渗透率、非线性随机性、多源大数据特性及多尺度动态特性4个关键特征。基于这些特性所带来的问题，发展能源互联网需要解决6项关键技术：先进储能技术、固态变压器技术、智能能量管理技术、智能故障管理技术、可靠安全通信技术、系统规划分析技术。

（一）先进储能技术

一方面，与传统电网的用户侧节点不同，能源互联网中的用户侧节点（如家庭或小区等）一般都具有发电能力，因此需要配备一定规模的分布式储能系统。另一方面，能源互联网的电网侧或发电侧，因为可再生能源的高渗透率，所以为了维持系统的稳定运行，必须配备较大规模的集中储能系统。可以看出，分布式和大规模同时并存是能源互联网储能的重要特点。先进储能技术的研究主要包括新型储能材料、储能管理技术及储能系统规划技术等方面。分布式储能主要面向用户，经济效益非常关键，对储能系统的存储效率、能量密度、使用寿命等提出了较高要求，新型储能材料是提高这些性能的关键；目前实现大规模存储的主要手段是电池成组技术，电池成组后储能单元的科学管理是储能系统高效、长寿命运行的重要保证；无论是分布式储能还是集中式储能的布局与建设，都会对整个能源互联网产生较大影响，因此进行科学合理的储能系统规划意义重大。

（二）固态变压器技术

随着高渗透率下可再生能源发电设备及储能设备接入，传统变压器的供电可靠性和供电质量等方面难以满足能源互联网建设和发展的需求，而固态变压器作为一种利用电力电子器件进行高频的能量和功率控制的变换器，被认为是能源互联网的核心技术。固态变压器能实现可再生能源发电设备、储能设备、负载的有效管理。固态变压器具有双向能量流动能力，可以控制有功功率和无功功率，具有更大的控制带宽提供即插即用功能。这种变压器还具有很多新的功能，如电压下陷补偿、断电补偿、故障隔离、谐波隔离、分布式信息量自动测量等。

（三）智能能量管理技术

能源互联网中具有多种能量产生设备、能量传输设备、能量消耗设备、拓扑结构动态变化，具有典型的非线性随机特征与多尺度动态特征。为了实现对能源局域网内能量设备的"即插即用"管理、多个能源局域网之间的分布式协同控制，以及针对可再生能源高渗透率下的控制策略高鲁棒性，需要在能源互联网的各层引入智能能量管理技术。

（四）智能故障管理技术

在能源互联网中，固态变压器提供分布式能源和负载的有效管理。由于其具有强烈的限流作用，能大幅度改善短路电流波形、提高电网的稳定性。与传统电网相比，能源互联网故障电流很小，最多只能提供两倍额定电流的故障电流，传统的通过检测电流大小的故障检测设备和方法将失效，需要设计新型故障识别和定位方法。这就需要设计一种新的电路断路器，保证当系统发生故障时，断路器可以快速地隔离故障单元，使得固态变压器能快速恢复系统电压。而传统的机械式断路器会使系统在发生故障时功率流动出现短暂的中断，在很大程度上干扰系统中的关键负载运行。而用固态电力半导体器件代替机械式断路器而研制的固态短路器可以满足能源互联网的需求。固态断路器利用 IGBT 等电力半导体器件作为无触点开关，大幅度提高相应速度，同时起到重合器和分段器的双重作用。

（五）可靠安全通信技术

安全可靠的通信骨干网是能源互联网正常工作的重要保证。能源局域网内能量设备具有易接触性与高动态拓扑变化性，使得能源互联网中的通信结构复杂，数据处理量大；为了保证能源互联网的稳定运行，要求通信网络满足网络时延小、数据传输优先级分类、可靠传输、时间同步及支持多点传输等多种功能。实现正常、高效的能源互联网通信网络，主要可从以下几个方面进行突破：可靠安全通信网络架构分析、协议改进与标准分析及通信实验平台设计与试验评估。

（六）系统规划分析技术

能源互联网是一个物质、能量与信息深度耦合的系统，是物理空间、能量空间、信息空间乃至社会空间耦合的多域、多层次关联，包含连续动态行为、离散动态行为和混沌有意识行为的复杂系统。作为社会/信息/物理相互依存的超大规模复合网络，与传统电网相比，其具有更广阔的开放性和更大的系统复杂性。能源互联网系统在协同控制过程中各个节点间存在着博弈过程和较强的社会性，能量的流动与网络拓扑的变化受市场电价和政府政策的影响、结构与单元异质、行为复杂、能量与信息深度融合、能量供需不确定等特征，表现出混杂多尺度动态与复杂网络特性。因此，开展能源互联网系统规划分析技术研究，分析并揭示能源互联网的控制、运行和演化机理，研究能源互联网系统中的体系结构设计与优化，能源互联网系统规划等方面的基础理论和关键技术具有重要的意义。

五、关于发展能源互联网的一些建议

作为一种新型生态化的能源系统，能源互联网的发展进程将释放出极其巨大的社会效益和经济效益。但是巨大的社会经济效益昭示着任务的艰巨性和复杂性，预示着能源互联网的建设将是一项庞大复杂的系统工程。面对能源互联网中太阳电池等新能源产业及其相关应用开发技术，我们可以从以下几个方面更好地建设能源互联网：

（1）开展顶层规划和前瞻性基础研究，统筹考虑、系统布局，明确思路，促进协调发展，设立相关基础研究项目，对能源互联网体系结构、相关标准协议、分布式协同控制等关键基础理论问题进行研究。

（2）聚焦新能源、信息、智能控制、系统管理和网络安全等技术领域，不断加强对突破支撑制造业"数字化"、能源互联网、新材料等的关键技术研发的扶持力度，提高我国支撑引领新工业革命相关技术领域的创新能力，抢占未来产业发展的制高点。

（3）积极推动新技术和新能源的广泛应用，研发具有自主知识产权和竞争力的高科技产品开展实验验证和研究成果的典型应用示范，采取循序渐进的方式科学推进能源互联网的发展。

（4）大力推动与能源互联网发展相关重要专业的拔尖创新人才培养，为我国能源互联网产业的发展提供智力支持。通过各种方式鼓励青少年开展能源互联网领域的科技创新活动，激发青少年的创新活力，为我国能源互联网的快速发展提供原始推动力，为能源互联网产业的发展提供强有力的人才保障。

能源互联网开创了未来能源行业的竞争互补的商业模式，构建了促进竞争的产业组织。同时激活了资源优化配置的各要素，实现了优质资源的共享和叠加增值，实现了各种服务的充分竞争。互联网＋能源体制机制的创新将促进能源生产、消费的革命，能源互联网技术也将与其他领域技术一起相互作用、相互影响，共同推进新工业革命的产生和发展。

第五章
资助机制与政策建议

太阳能光伏科学和技术的发展将在今后数十年中成为国际高科技发展的重点之一。建议国家重视基础研究，在自然科学基金中持续支持、鼓励和促进研究人员在太阳能光伏的材料、器件、设备系统、应用等各个方面进行基础研究；从基础做起，培养太阳能光伏研究和开发的青年人才，加强太阳能光伏的学科建设，促进源头创新，为下一代以至今后太阳能光伏产业的发展提供人才、知识和知识产权的积累。太阳能光伏发电技术是一个应用性很强的科学技术，发展太阳电池科学技术也基于产业发展，在产业发展过程中促进学科的发展。

第一节 促进光伏产业发展的资助机制

促进光伏产业发展的财税金融政策如下：

（1）国家财政支持建立示范工程，加强技术创新成果的示范推广应用和市场培育。培育一批具有新技术、新产品、新模式和新业态特征的能源新领域高技术企业和中心。

（2）设立能源新技术发展专项资金，对"十三五"重点培育和发展的能源新技术创新研究给予大力支持，着力支持重大关键技术研发、重大产业创新发展工程、重大创新成果产业化、重大应用示范工程及创新能力建设等。在整合现有政策资源、充分利用现有资金渠道的基础上，建立稳定的财政投入增长机制。

（3）安排财政资金加大对太阳能资源测量、评价及信息系统建设、标准制定及检测认证体系建设，引导企业在技术开发、工程化、标准制定、市场应用等环节加大投入力度，构建产学研用相结合的技术创新体系。

（4）结合税制改革方向和税种特征，针对能源领域战略性新兴产业特点，加快研究完善和落实鼓励创新、引导投资和消费的税收支持政策。继续落实"十二五"已经形成的新能源产业化优惠政策，适时推进新能源和可再生能源开发利用的优惠政策的制定。例如，企业经认定可以依法享受相关优惠政策，能源新技术商业化应用项目经认定享受适当税收优惠减免政策等。政策范围应全面包括研发投入、标准体系、销售渠道、税收减免等激励政策。通过政府政策指导和经济杠杆调控，创造有利的政策环境和实施氛围，保障能源新技术产业的健康发展。

第二节　促进光伏产业发展的政策建议

一、产业规划政策

（一）加强顶层设计与统筹协调，提高规划政策出台的针对性与时效性

在太阳能产业发展初期需要依靠国家和各级地方政府在法律、政策和资金等多方面扶持。在扶持的过程中，要注意各项政策措施之间的互相协调和配合，既要强有力，又要富有针对性和实效性。例如，加强国家发展改革委、财政部、科技部等部门能源政策的相互沟通与协调，注重政策的执行效果；加强中央规划与地方规划之间的协调和配合，避免中央规划与地方规划目标差距过大和措施方面的脱节。加强规划和产业政策指导，由政府牵头和主导加强产业发展和技术创新的顶层设计与统筹协调，成立技术和产业联盟，建设跨学科的专家团队和人才队伍，从系统架构、技术研发等多方面入手，在理论研究、技术创新等方面同步推进，开展全方位的研究和思考，明确核心思路、发展目的和预期效果。在能源规划制定过程中，加强对能源发展目标的市场预测研究工作，强调相关部门的"事前"协调，缩短规划的制定周期，保证规划颁布的及时性。在确保已有的政策法规得到落实执行的同时，注意政策的时效性和适应性。

（二）成立可再生能源产业创新发展实施领导小组

建议由科技主管部门牵头，联合国家能源局、中国科学院、农业部、教育部等多部门共同组成可再生能源产业创新发展实施领导小组，主要负责凝练技术路线图、研究产业发展战略、加强基础研究与学科建设、制定扶持政策、监督经费落实情况、跟踪产业实施进程。

二、科技创新政策

面向我国光伏科学技术前沿和光伏产业战略需求，突破自主创新的薄弱环节。鼓励光伏领域知识和技术的原始创新，着力抓好技术和产品的集成创新和引进消化吸收再创新，提高关键核心技术自主可控能力。实施光伏全产业链的重大科技专项创新工程，积极研发对我国光伏发展有重大带动作用、具有自主知识产权的核心技术。

（一）建立以企业为主体，与高校和科研院所紧密协作的产学研用创新体系

目前高校和科研院所的基础研究和原始创新与企业新技术应用及创新严重脱节，在一定程度上制约了行业的科技发展。国家要进一步加强科技体制创新，充分发挥高校等研究机构的多学科交叉和多种创新要素的集聚效果，加强有组织的合作创新活动和产学研用的有效分工协作，促进高校和科研院所的原始创新与企业投入为主的应用技术创新紧密结合。在技术创新和产业示范推广过程中，加强企业和研究机构的合作，以保证技术创新有源泉，技术发展有动力，新技术能够不断发展。

（二）坚持科技创新引领，实施重大科技专项建设与示范工程

加强基础学科建设和前瞻性、关键核心技术的研究，及时普及先进适用技术，提升装备的自主研发制造水平，为能源生产和消费革命构建强有力的科技支撑。对于国内已经在该技术研发与产业化方面达到国际先进水平的关键核心技术，国家应该进行产业的鼓励、引导，促进技术水平的产业化优势得到充分发挥。对新技术应该采用"商业化—应用—研发"的路径，强化消化吸收和再创新能力。关键核心技术是新兴产业持续发展的关键。建议国家科技重大专项着重关注以下方面：低成本高纯度多晶硅材料制备技术、超薄硅片切割及电池制备技术、超高光电转换效率晶硅太阳电池技术、光伏发

电并网的关键技术、利用光伏发电的大规模储能技术、光伏发电在新能源汽车的应用技术等。通过重大创新技术的突破，使我国的光伏行业持续保持国际领先地位。建议国家科技部通过国家重点基础发展规划项目（973）、863、科技攻关等形式，支持太阳能光伏发电关键技术和关键设备的研究、开发和应用示范。创新科技立项方式，鼓励多学科、多领域的交叉协作，避免低水平的探索与重复研究。

（三）加强国际合作，增强战略性新兴产业的技术交流

加大国际交流合作，加强有针对性的重点技术和关键设备与零部件实质性合作。在继续坚持自主开发的基础上，有目的、有选择地引进先进技术和关键设备，在高起点上发展我国能源开发利用技术与装备；加强与国际组织和机构的交流与合作，鼓励有条件的国内光伏企业和基地与国外研究机构、产业集群建立战略合作关系，积极开展双边或多边的合作研究和合作生产，光伏产业前沿、共性技术联合研发；支持有关科研院所和企业建立国际化人才引进和培养机制，多渠道、多方式灵活地引进高端人才，保持我国能源科学研究和技术开发始终处于国际领先地位。

（四）加强研究队伍分工协作，避免低水平重复建设

我国应进一步整合能源基础研发队伍，统筹协调企业研究院和设计院、高校、中国科学院研究所等单位，使得国家实验室、高校、能源企业及其他研究机构纵深配置，按照各自的分工从事基础性、前瞻性的能源科学与技术研究，根据市场需求不断开发有前景的新技术，避免低水平重复。此外，也应引导能源企业所属设计院和研究院做好和高校、中国科学院研究所的衔接工作，将从事基础研究和应用研究单位的成果产业化、市场化，并在这个过程中培养自己的科研队伍。同时，还应加强企业、高校、科研院所等协同创新。我国不同的政府部门积极支持不同的单位开展了很多相关工作，也取得了一些令人瞩目的成果，应该科学评估技术是处于基础研究还是处于应用研究、如何协调推进，需开展充分的论证。

（五）关注前沿发展，着力部署下一代超高光电转换效率太阳电池的创新研究

目前，钙钛矿太阳电池、量子点太阳电池、铜锌锡硫太阳电池等为代表的新一代太阳电池表现出了高效、低成本的特性，加强这些新型太阳电池的

科技投入，有助于抢占未来高效太阳电池的制高点，为太阳电池的产业化奠定基础。

（六）强化支撑光伏能源发展的配套装备产业和服务业

光伏产业相关大型生产设备（如薄膜太阳电池的化学及物理气相沉积、高功率划线激光器等关键装备）的进口耗资巨大（占成本的 1/3 ～ 1/2），受制于国外。国内应尽快自主研发与批量供应，实现 80% 的生产设备国产化。

推进光伏全产业链建设，并部分投入优质基础材料和关键性辅件与装置的自主研发及批量供应，如制备非晶硅薄膜太阳电池的各种高纯气体（硅烷、锗烷、磷烷）、TCO 导电玻璃等，制备晶硅太阳电池的 EVA 封装材料、TPT 背板材料等。

不同于传统服务业，光伏服务业具有知识密集、持续创新、国际化、外部化等特征，光伏产业发展初期有生产企业进行的工程咨询等相关服务由企业自身进行。随着光伏应用市场的逐步启动，这些服务工作将逐步由相应的服务业公司来进行。为了光伏产业的健康和可持续发展，有必要将光伏产业所涵盖或涉及的业务单独剥离出来进行培育和发展，使之成为一个独立的光伏服务业。

（七）加强光伏产品技术标准化体系和检测认证体系建设

建立健全光伏材料、电池及组件、系统及部件等标准体系，完善光伏发电系统及相关电网技术标准体系，积极参与光伏行业国际标准制定，加大自主知识产权标准体系海外推广。依托国家级研发平台，建立国家级检测机构及认证中心，推动检测认证国际互认。加强产业化硅材料及硅片、太阳电池及组件、逆变器及控制设备等产品的检测和认证平台建设，健全光伏产品检测和认证体系，及时发布符合标准的光伏产品目录。开展不同气候区太阳能资源观测与评价，建立太阳能信息数据库。

三、人才培养政策

人才战略主要通过进一步加强与国内外知名科研机构、行业龙头企业的合作；创造良好工作氛围吸引人才。抓住培养、引进、使用三个环节，提高光伏科技人才质量，优化科技人才结构。加快完善高校和科研院所能源科技人员职务发明创造的激励机制。加大力度吸引海外优秀能源人才来华创新创业，依托"千人计划"和海外高层次创新创业人才基地建设，加快吸引海外高层次人才。加强高校和中等职业学校战略性新兴产业相关能源学科专业建设，改革创新人才培养模式，建立企校联合培养人才的新机制，促进创新型、应用型和复合型人才的培养。

支持企业人才队伍建设。支持企业建立教学实习基地和博士后流动站，在国家派出的访问学者和留学生计划中，把科技人才交流和学习作为重要组成部分，鼓励大学、科研院所和企业从海外吸引高端人才。凝聚一批国内外知名专家学者，重点培养一批创新能力卓越的科技领军人才，打造各产业链领域的优秀人才团队，拥有一支促进产业结构调整和优化升级的先进适用技术人才队伍。

四、市场环境建设政策

（一）完善市场培育、应用与准入政策

我国正处于能源体制变革的关键机遇期，需要理念、技术、市场等多方面因素的相互影响和共同促成。加大节能环保、新能源等市场培育与引导力度，培育发展新业态。加快建立有利于能源领域战略性新兴产业发展的相关标准和重要产品技术标准体系，优化市场准入的审批管理程序。在电力市场的相应环节进行相应改革和制度建设，为新技术在电力系统各环节各领域的商业化应用创造良好的市场环境。全面理顺能源市场参与主体的利益关系，建立衡量收益的相关标准，制定完善市场规则鼓励各主体开展新能源技术的商业化应用、规范各主体的市场行为。

（二）打破流通环节的行业垄断，保证多种资本投资渠道畅通

完善市场开放机制，深化民间投资准入改革，鼓励各类投资主体进入能源领域战略性新兴产业。通过制定法律和法规，打破我国大型央企在国家能源行业流通环节的垄断地位，放开能源市场，破除市场门槛；鼓励和保护以民营资本为主的中小企业进入能源产业，参与市场竞争。放开能源新技术项目从立项、建设、投产到销售各环节的行政审批权，为能源企业发展提供更大的发展空间。引导外资投向战略性新兴产业，丰富外商投资方式，拓宽外资投资渠道，不断完善外商投资软环境。继续支持引进先进的关键核心技术和设备。鼓励我国企业和研发机构在境外设立研发机构，参与国际标准制定。扩大企业境外投资自主权，支持有条件的企业开展境外投融资。完善相关出口信贷、保险等政策，支持拥有自主知识产权的技术标准在国外推广应

用。支持企业通过境外注册商标、境外收购等方式，培育国际化品牌，开展国际化经营，参与高层次国际合作。国家支持战略性新兴产业发展的政策同等适用于符合条件的外商投资企业。

（三）培育合理的消费市场，保障规划目标实现

实施可再生能源发电配额制，落实可再生能源发电全额保障性收购制度，深化电力体制改革，完善新能源发电补贴机制。通过引入可交易的配额制等强制性市场份额政策，将新能源和可再生能源产业规划目标分解到各个责任主体，同时辅以绿色证书交易和严厉的惩罚手段来保障目标的实现。利用市场的自我调节，及时反馈能源成本的变化，弥补政府对新能源发展补贴政策的滞后性缺陷。将环境成本的负外部性逐步内在化，把昂贵的费用分摊转移给污染及排放严重的企业。

参考文献

[1] Grancini G, Roldancarmona C, Zimmermann I, et al. One-year stable perovskite solar cells by 2D/3D interface engineering. Nature Communications, 2017, 8: 15684.

[2] Zhu X, Yang D, Yang R, et al. Superior stability for perovskite solar cells with 20% efficiency using vacuum co-evaporation. Nanoscale, 2017, 9(34): 12316-12323.

[3] Zhang H, Wang H, Chen W, et al. CuGaO$_2$: a promising inorganic hole-transporting material for highly efficient and stable perovskite solar cells. Advanced Materials, 2017, 29: 1604984.

[4] Arora N, Dar M I, Hinderhofer A, et al. Perovskite solar cells with CuSCN hole extraction layers yield stabilized efficiencies greater than 20%. Science, 2017, 358(6364): 768-771.

[5] Alferov H, Andreev V, Rumyantsev V. Solar photovoltaics: trends and prospects. Semiconductors, 2004, 38: 899-908.

[6] Chapin D, Fuller C, Pearson G. A new silicon p-n junction photocell for converting solar radiation into electrical power. Journal of Applied Physics, 1954, 25(5): 676-677.

[7] 马文会, 戴永年, 杨斌, 等. 太阳能级硅制备新技术研究进展. 新材料产业, 2006, 10: 12-16.

[8] 阙端麟. 硅材料科学与技术. 杭州: 浙江大学出版社, 2000.

[9] 赵文瀚, 刘立军. 双坩埚连续加料法单晶硅生长过程中的熔体流动与杂质输运. 杭州: 第十一届中国太阳级硅及光伏发电研讨会, 2015.

[10] 汪义川, 李剑, 黄治国, 等. 高稳定性单晶硅太阳能电池. 上海: 第十届中国太阳能光伏会议论文, 2008.

[11] 陈加和. 一种具有高机械强度的掺锗直拉硅片及其制备方法: CN200810122375. X, 2009-05-06.

[12] Muller A, Ghosh M, Sonnenschein R, et al. Silicon for photovoltaic applications. Materials

Science and Engineering B—Advanced Functional Solid-State Materials, 2006, 134(2): 257-262.

[13] 杨德仁, 朱鑫, 汪雷, 等. 一种掺杂锗的定向凝固铸造多晶硅: CN200610154949. 2, 2007-07-11.

[14] 余学功, 杨德仁. 掺锗的定向凝固铸造单晶硅及其制备方法: CN200910099991. 2, 2009-12-02.

[15] Kasjanow H, Nikanorov A, Nacke B, et al. 3D coupled electromagnetic and thermal modelling of EFG silicon tube growth. Journal of Crystal Growth, 2007, 303(1): 175-179.

[16] Rohatgi A, Kim D S, Nakayashiki K, et al. High-efficiency solar cells on edge-defined film-fed grown (18.2%) and string ribbon (17.8%) silicon by rapid thermal processing. Applied Physics Letters, 2004, 84(1): 145-147.

[17] Lange H, Schwirtlich I A. Ribbon growth on substrate (RGS—a new approach to high speed growth of silicon ribbons for photovoltaics. Journal of Crystal Growth, 1990, 104(1): 108-112.

[18] Ai B, Shen H, Ban Q, X. et al. Preparation and characterization of Si sheets by renewed SSP technique. Journal of Crystal Growth, 2004, 270(3): 446-454.

[19] Gurtler R W, Baghdadi A, Ellis R J, et al. Silicon ribbon growth via the ribbon-to-ribbon (RTR) technique: process update and material characterization. Journal of Electronic Materials, 1978, 7(3): 441-477.

[20] Kojima A, Teshima K, Miyasaka T, et al. Novel photoelectrochemical cell with mesoscopic electrodes sensitized by lead-halide compounds(2) Proc. 210th ECS Meeting, The Electrochemical Society, 2006.

[21] Kim H, Lee C, Im J, et al. Lead iodide perovskite sensitized all-solid-state submicron thin film mesoscopic solar cell with efficiency exceeding 9%. Scientific Reports, 2012, 2(591): 591.

[22] Liu M, Johnston M B, Snaith H J, et al. Efficient planar heterojunction perovskite solar cells by vapour deposition. Nature, 2013, 501(7467): 395-398.

[23] Kayes B M, Nie H, Twist R, et al. 27.6% conversion efficiency, a new record for single-junction solar cells under 1 sun illumination. Proceedings of the 37th IEEE Photovoltaic Specialists Conference, 2011.

[24] Press Release, Fraunhofer Institute for Solar Energy Systems (2014). (https: //www. ise. fraunhofer. de/en/press-and-media/press-releases/pess-releases/2014/new-world-record-for-solar-cell-efficiency-at-46-percent. html).

[25] Luque A, MartíA. Increasing the efficiency of ideal solar cells by photon induced transitions at intermediate levels. Physical Review Letters, 1997, 78(26): 5014-5017.

[26] Martí A. Guadra L, Luque A. Intermediate-band solar cells//Marti A, Luque A. Next generation photovoltaics, high efficiency trough full spectru utilization. Institute of Physics Publishing, 2004: 140.

[27] Nozawa T, Arakawa Y. Theoretical analysis of multilevel intermediate-band solar cells using a drift diffusion model. Journal of Applied Physics, 2013, 113(24): 3102.

[28] Castan H, Perez E, Garcia H, et al. Experimental verification of intermediate band formation on titanium-implanted silicon. Journal of Applied Physics, 2013, 113(2): 4104.

[29] Sheu J, Huang F W, Liu Y H, et al. Photoresponses of manganese-doped gallium nitride grown by metalorganic vapor-phase epitaxy. Applied Physics Letters, 2013, 102(7): 1107.

[30] Marsen B, Klemz S, Unold T, et al. Investigation of the sub-bandgap photoresponse in $CuGaS_2$: Fe for intermediate band solar cells. Progress in Photovoltaics, 2012, 20(6): 625-629.

[31] Tanaka T, Miyabara M, Saito K, et al. Development of ZnTe-based solar cells. Materials Science Forum, 2013, 750: 80-83.

[32] Ahsan N, Miyashita N, Islam M M, et al. Two-photon excitation in an intermediate band solar cell structure. Applied Physics Letters, 2012, 100(17): 2111.

[33] Tanabe K, Guimard D, Bordel D, et al. High-efficiency InAs/GaAs quantum dot solar cells by metalorganic chemical vapor deposition. Applied Physics Letters, 2012, 100(19): 3905.

[34] Laghumavarapu R B, Moscho A, Khoshakhlagh A, et al. GaSb/GaAs type II quantum dot solar cells for enhanced infrared spectral response. Applied Physics Letters, 2007, 90(17): 3125.

[35] Ramiro I, Marti A, Antolin E, et al. Review of experimental results related to the operation of intermediate band solar cells. IEEE Journal of Photovoltaics, 2014, 4(2): 736-748.

[36] Luque A, Marti A. The intermediate band solar cell: progress toward the realization of an attractive concept. Advanced Materials, 2010, 22(2): 160-174.

[37] Yang X G, Yang T, Wang K, et al. Intermediate-band solar cells based on InAs/GaAs quantum dots. Chinese Physics Letters, 2011, 28(3): 8401.

[38] Linares P G, Marti A, Antolin E, et al. Low-temperature concentrated light characterization applied to intermediate band solar cells. IEEE Journal of Photovoltaics, 2013, 3(2): 753-761.

[39] Venkatasubramanian R, O'Quinn B, Hills J. 18.2%(AM1.5) effrcient GaAs solar cell on optical-grade polycrystalline Ge Substrate Proceedings of the 25th IEEE Photovoltaic Specialists Conference, 1996.

[40] Sheehy M A, Tull B R, Friend C M, et al. Chalcogen doping of silicon via intense femtosecond-laser irradiation. Materials Science and Engineering B—Advanced Functional Solid-State Materials, 2007, 137(1): 289-294.

[41] Cuadra L, Martí A, López N. Phonon bottleneck effect and photon absorption in self-ordered quantum dot intermediate band solar cells. Paris, France: Presented at the Nineteenth

European Photovoltaic Solar Energy Conference and Exhibition, 2004.

[42] Norman A G, Hanna M C, Dippo P, et al. InGaAs/GaAs QD superlattices: MOVPE growth, structural and optical characterization, and application in intermediate-band solar cells. Photovoltaic Specialists Conference, 2005: 43-48.

[43] Marti A, Lopez N, Antolin E, et al. Novel semiconductor solar cell structures: the quantum dot intermediate band solar cell. Thin Solid Films, 2006, 511-512: 638-644.

[44] Tomic S, Jones T, Harrison N M, et al. Absorption characteristics of a quantum dot array induced intermediate band: implications for solar cell design. Applied Physics Letters, 2008, 93(26): 3105.

[45] Sugaya T, Furue S, Komaki H, et al. Highly stacked and well-aligned $In_{0.4}Ga_{0.6}AsIn_{0.4}Ga_{0.6}As$ quantum dot solar cells with $In_{0.2}Ga_{0.8}AsIn_{0.2}Ga_{0.8}As$ cap layer. Applied Physics Letters, 2010, 97: 183104.

[46] Guimard D, Morihara R, Bordel D, et al. Fabrication of InAs/GaAs quantum dot solar cells with enhanced photocurrent and without degradation of open circuit voltage. Applied Physics Letters, 2010, 96(20): 3507.

[47] Bailey C G, Forbes D V, Polly S J, et al. Open-circuit voltage improvement of InAs/GaAs quantum-dot solar cells using reduced InAs coverage. IEEE Journal of Photovoltaics, 2012, 2(3): 269-275.

[48] Bartolo R E, Dagenais M. Challenges to the concept of an intermediate band in InAs/GaAs quantum dot solar cells. Applied Physics Letters, 2013, 103(14): 1113.

[49] Sellers D G, Polly S J, Hubbard S M, et al. Analyzing carrier escape mechanisms in InAs/GaAs quantum dot p-i-n junction photovoltaic cells. Applied Physics Letters, 2014, 104(22): 3903.

[50] Yang X, Wang K, Gu Y, et al. Improved efficiency of InAs/GaAs quantum dots solar cells by Si-doping. Solar Energy Materials and Solar Cells, 2013, 113: 144-147.

[51] Xu F, Yang X, Luo S, et al. Enhanced performance of quantum dot solar cells based on type II quantum dots. Journal of Applied Physics, 2014, 116(13): 3102.

[52] Ji H, Liang B, Simmonds P J, et al. Hybrid type-I InAs/GaAs and type-II GaSb/GaAs quantum dot structure with enhanced photoluminescence. Applied Physics Letters, 2015, 106(10): 3104.

[53] Luo J, Stradins P, Zunger A, et al. Matrix-embedded silicon quantum dots for photovoltaic applications: a theoretical study of critical factors. Energy and Environmental Science, 2011, 4(7): 2546-2557.

[54] Garnett E C, Brongersma M L, Cui Y, et al. Nanowire solar cells. Annual Review of Materials Research, 2011, 41(1): 269-295.

[55] Shockley W, Queisser H J. Detailed balance limit of efficiency of p-n junction solar cells. Journal of Applied Physics, 1961, 32(3): 510-519.

[56] Hirst L C, Ekinsdaukes N J. Fundamental losses in solar cells. Progress in Photovoltaics, 2011, 19(3): 286-293.

[57] Polman A, Atwater H A. Photonic design principles for ultrahigh-efficiency photovoltaics. Nature Materials, 2012, 11(3): 174-177.

[58] Conibeer G, Green M A, Corkish R, et al. Silicon nanostructures for third generation photovoltaic solar cells. Thin Solid Films, 2006, 511-512: 654-662.

[59] Lopez N, Reichertz L A, Yu K M, et al. Engineering the electronic band structure for multiband solar cells. Physical Review Letters, 2011, 106(2): 8701.

[60] Marti A, Antolin E, Stanley C R, et al. Production of photocurrent due to intermediate-to-conduction-band transitions: a demonstration of a key operating principle of the intermediate-band solar cell. Physical Review Letters, 2006, 97(24): 247701.

[61] Popescu V, Bester G, Hanna M C, et al. Theoretical and experimental examination of the intermediate-band concept for strain-balanced (In, Ga)As/Ga(As, P) quantum dot solar cells. Physical Review B, 2008, 78(20): 205321.

[62] Luque A, Marti A, Stanley C R, et al. Understanding intermediate-band solar cells. Nature Photonics, 2012, 6(3): 146-152.

[63] Cotal H L, Fetzer C, Boisvert J, et al. III-V multijunction solar cells for concentrating photovoltaics. Energy and Environmental Science, 2009, 2(2): 174-192.

[64] Leite M S, Woo R L, Munday J N, et al. Towards an optimized all lattice-matched InAlAs/InGaAsP/InGaAs multijunction solar cell with efficiency > 50%. Applied Physics Letters, 2013, 102: 033901.

[65] Dimroth F. Approaches and methodology on accelerated stress tests in fuel cells. Fraunhofer Institute for Solar Energy Systems ISE, 2014.

[66] Cho E, Green M A, Conibeer G, et al. Silicon quantum dots in a dielectric matrix for all-silicon tandem solar cells. Advances in Optoelectronics, 2007, 2007: 1-11.

[67] Wang X, Koleilat G I, Tang J, et al. Tandem colloidal quantum dot solar cells employing a graded recombination layer. Nature Photonics, 2011, 5(8): 480-484.

[68] Ross R T, Nozik A J. Efficiency of hot-carrier solar energy converters. Journal of Applied Physics, 1982, 53(5): 3813-3818.

[69] Nozik A J. Quantum dot solar cells. Physica E—Low-Dimensional Systems & Nanostructures, 2002, 14(1): 115-120.

[70] Tisdale W A, Williams K J, Timp B A, et al. Hot-electron transfer from semiconductor nanocrystals. Science, 2010, 328(5985): 1543-1547.

[71] Sambur J, Novet T, Parkinson B. Multiple exciton collection in sensitized photovoltaic system. Science, 2010, 330: 63.

[72] Nozik A J. Nanoscience and nanostructures for photovoltaics and solar fuels. Nano Letters, 2010, 10(8): 2735-2741.

[73] Luo J, Franceschetti A, Zunger A, et al. Carrier multiplication in semiconductor nanocrystals: theoretical screening of candidate materials based on band-structure effects. Nano Letters, 2008, 8(10): 3174-3181.

[74] Schaller R D, Klimov V I. High efficiency carrier multiplication in PbSe nanocrystals: implications for solar energy conversion. Physical Review Letters, 2004, 92(18): 186601.

[75] Schaller R D, Sykora M, Pietryga J M, et al. Seven excitons at a cost of one: redefining the limits for conversion efficiency of photons into charge carriers. Nano Letters, 2006, 6(3): 424-429.

[76] Semonin O E, Luther J M, Choi S, et al. Peak external photocurrent quantum efficiency exceeding 100% via MEG in a quantum dot solar cell. Science, 2011, 334: 1530.

[77] Hanna M C, Nozik A J. Solar conversion efficiency of photovoltaic and photoelectrolysis cells with carrier multiplication absorbers. Journal of Applied Physics, 2006, 100(7): 074510.

[78] Chen X, Peng D, Ju Q, et al. Photon upconversion in core-shell nanoparticles. Chemical Society Reviews, 2015, 44(6): 1318-1330.

[79] Liu G. Advances in the theoretical understanding of photon upconversion in rare-earth activated nanophosphors. Chemical Society Reviews, 2015, 44(6): 1635-1652.

[80] Wang F, Liu X. Recent advances in the chemistry of lanthanide-doped upconversion nanocrystals. Chemical Society Reviews, 2009, 38(4): 976-989.

[81] Timmerman D, Izeddin I, Stallinga P, et al. Space-separated quantum cutting with silicon nanocrystals for photovoltaic applications. Nature Photonics, 2008, 2(2): 105-109.

[82] Trupke T, Green M A, Wurfel P, et al. Improving solar cell efficiencies by down-conversion of high-energy photons. Journal of Applied Physics, 2002, 92(3): 1668-1674.

[83] NREL. Research Cell Efficiency Records. https://www.energy.gov/eere/solar/downloads/research-cell-efficiency-records.

[84] Chuang C M, Brown P R, Bulovic V, et al. Improved performance and stability in quantum dot solar cells through band alignment engineering. Nature Materials, 2014, 13(8): 796-801.

[85] Mathew S, Yella A, Gao P, et al. Dye-sensitized solar cells with 13% efficiency achieved through the molecular engineering of porphyrin sensitizers. Nature Publishing Group, 2014, 6(3): 242-247.

[86] Lan X, Masala S, Sargent E H, et al. Charge-extraction strategies for colloidal quantum dot

photovoltaics. Nature Materials, 2014, 13(3): 233-240.

[87] Jean J, Chang S, Brown P R, et al. ZnO nanowire arrays for enhanced photocurrent in PbS quantum dot solar cells. Advanced Materials, 2013, 25(20): 2790-2796.

[88] Leschkies K S, Jacobs A G, Norris D J, et al. Nanowire-quantum-dot solar cells and the influence of nanowire length on the charge collection efficiency. Applied Physics Letters, 2009, 95(19): 2013.

[89] Krogstrup P, Jorgensen H I, Heiss M, et al. Single-nanowire solar cells beyond the Shockley-Queisser limit. Nature Photonics, 2013, 7(4): 306-310.

[90] Wallentin J, Anttu N, Asoli D, et al. InP nanowire array solar cells achieving 13.8% efficiency by exceeding the ray optics limit. Science, 2013, 339(6123): 1057-1060.

[91] Pagliaro M, Ciriminna R, Palmisano G. Flexible solar cells. ChemSusChem, 2008, 1: 880.

[92] Schubert M B, Werner J H. Flexible solar cells for clothing. Materials Today, 2006, 9(6): 42-50.

[93] Roldán-Carmona C, Malinkiewicz O, Soriano A, et al. Flexible high efficiency perovskite solar cells. Energy and Environmental Science, 2014, 7(3): 994-997.

[94] Kaltenbrunner M, White M S, Glowacki E D, et al. Ultrathin and lightweight organic solar cells with high flexibility. Nature Communications, 2012, 3(1): 770.

[95] Oregan B C, Gratzel M. A low-cost, high-efficiency solar cell based on dye-sensitized colloidal TiO_2 films. Nature, 1991, 353(6346): 737-740.

[96] Chen H, Kuang D, Su C, et al. Hierarchically micro/nanostructured photoanode materials for dye-sensitized solar cells. Journal of Materials Chemistry, 2012, 22(31): 15475-15489.

[97] Yamaguchi T, Tobe N, Matsumoto D, et al. Highly efficient plastic-substrate dye-sensitized solar cells with validated conversion efficiency of 7.6%. Solar Energy Materials and Solar Cells, 2010, 94: 812.

[98] Park J H, Jun Y, Yun H, et al. Fabrication of an efficient dye-sensitized solar cell with stainless steel substrate. Journal of the Electrochemical Society, 2008, 155(7): 145.

[99] Haque S A, Palomares E, Upadhyaya H M, et al. Flexible dye sensitised nanocrystalline semiconductor solar cells. Chemical Communications, 2003, 24: 3008-3009.

[100] Chen L C, Ting J, Lee Y, et al. A binder-free process for making all-plastic substrate flexible dye-sensitized solar cells having a gel electrolyte. Journal of Materials Chemistry, 2012, 22(12): 5596-5601.

[101] Kojima A, Teshima K, Shirai Y, et al. Organometal halide perovskites as visible-light sensitizers for photovoltaic cells. Journal of the American Chemical Society, 2009, 131(17): 6050-6051.

[102] Im J, Lee C, Lee J, et al. 6.5% efficient perovskite quantum-dot-sensitized solar cell.

Nanoscale, 2011, 3(10): 4088-4093.

[103] Jeon N J, Noh J H, Kim Y C, et al. Solvent engineering for high-performance inorganic-organic hybrid perovskite solar cells. Nature Materials, 2014, 13: 115.

[104] Yang W S, Park B, Jung E H, et al. Iodide management in formamidinium-lead-halide-based perovskite layers for efficient solar cells. Science, 2017, 356(6345): 1376-1379.

[105] Lee M M, Teuscher J, Miyasaka T, et al. Efficient hybrid solar cells based on meso-superstructured organometal halide perovskites. Science, 2012, 338(6107): 643-647.

[106] Burschka J, Pellet N, Moon S, et al. Sequential deposition as a route to high-performance perovskite-sensitized solar cells. Nature, 2013, 499(7458): 316-319.

[107] Liu D, Kelly T L. Perovskite solar cells with a planar heterojunction structure prepared using room-temperature solution processing techniques. Nature Photonics, 2014, 8(2): 133-138.

[108] You J, Hong Z, Yang Y, et al. Low-temperature solution-processed perovskite solar cells with high efficiency and flexibility. ACS Nano, 2014, 8(2): 1674-1680.

[109] Yang D, Yang R, Ren X, et al. Hysteresis-suppressed high-efficiency flexible perovskite solar cells using solid-state ionic-liquids for effective electron transport. Advanced Materials, 2016, 28(26): 5206-5213.

[110] Dou B, Miller E M, Christians J A, et al. High-performance flexible perovskite solar cells on ultrathin glass: implications of the TCO. Journal of Physical Chemistry Letters, 2017, 8(19): 4960-4966.

[111] Docampo P, Ball J M, Darwich M, et al. Efficient organometal trihalide perovskite planar-heterojunction solar cells on flexible polymer substrates. Nature Communications, 2013, 4(1): 2761.

[112] Kearns D R, Calvin M. Photovoltaic effect and photoconductivity in laminated organic systems. Journal of Chemical Physics, 1958, 29(4): 950-951.

[113] Tang C W, Vanslyke S A. Organic electroluminescent diodes. Applied Physics Letters, 1987, 51(12): 913-915.

[114] Sariciftci N S, Smilowitz L, Heeger A J, et al. Photoinduced electron transfer from a conducting polymer to buckminsterfullerene. Science, 1992, 258(5087): 1474-1476.

[115] Yu G, Gao J, Hummelen J C, et al. Polymer photovoltaic cells: enhanced efficiencies via a network of internal donor-acceptor heterojunctions. Science, 1995, 270(5243): 1789-1791.

[116] Sondergaard R R, Hosel M, Angmo D, et al. Roll-to-roll fabrication of polymer solar cells. Materials Today, 2012, 15(1): 36-49.

[117] Krebs F C, Espinosa N, Hosel M, et al. 25th anniversary article: rise to power-OPV-based solar parks. Advanced Materials, 2014, 26(1): 29-39.

[118] Po R, Bernardi A, Calabrese A, et al. From lab to fab: how must the polymer solar cell materials design change?—An industrial perspective. Energy and Environmental Science, 2014, 7(3): 925-943.

[119] Shaheen S E, Brabec C J, Sariciftci N S, et al. 2.5% efficient organic plastic solar cells. Applied Physics Letters, 2001, 78(6): 841-843.

[120] Li G, Shrotriya V, Huang J, et al. High-efficiency solution processable polymer photovoltaic cells by self-organization of polymer blends. Nature Materials, 2005, 4(11): 864-868.

[121] Park S H, Roy A, Beaupre S, et al. Bulk heterojunction solar cells with internal quantum efficiency approaching 100. Nature Photonics, 2009, 3(5): 297-302.

[122] Chen H, Hou J, Zhang S, et al. Polymer solar cells with enhanced open-circuit voltage and efficiency. Nature Photonics, 2009, 3(11): 649-653.

[123] He Z, Zhong C, Su S, et al. Enhanced power-conversion efficiency in polymer solar cells using an inverted device structure. Nature Photonics, 2012, 6(9): 591-595.

[124] You J, Dou L, Yoshimura K, et al. A polymer tandem solar cell with 10.6% power conversion efficiency. Nature Communications, 2013, 4: 1446.

[125] Zhang S, Ye L, Zhao W, et al. Realizing over 10% efficiency in polymer solar cell by device optimization. Science China—Chemistry, 2015, 58: 248.

[126] Liu Y, Zhao J, Li Z, et al. Aggregation and morphology control enables multiple cases of high-efficiency polymer solar cells. Nature Communications, 2014, 5(1): 5293-5293.

[127] Chen J, Cui C, Li Y, et al. Single-junction polymer solar cells exceeding 10% power conversion efficiency. Advanced Materials, 2015, 27: 1035.

[128] He Z, Xiao B, Liu F, et al. Single-junction polymer solar cells with high efficiency and photovoltage. Nature Photonics, 2015, 9(3): 174-179.

[129] Gao F, Inganas O. Charge generation in polymer-fullerene bulk-heterojunction solar cells. Physical Chemistry Chemical Physics, 2014, 16(38): 20291-20304.

[130] Koster L J, Shaheen S E, Hummelen J C, et al. Pathways to a new efficiency regime for organic solar cells. Advanced Energy Materials, 2012, 2(10): 1246-1253.

[131] Hou J, Tan Z, Yan Y, et al. Synthesis and photovoltaic properties of two-dimensional conjugated polythiophenes with bi(thienylenevinylene) side chains. Journal of the American Chemical Society, 2006, 128(14): 4911-4916.

[132] Zhang M, Guo X, Ma W, et al. A polythiophene derivative with superior properties for practical application in polymer solar cells. Advanced Materials, 2014, 26(33): 5880-5885.

[133] Svensson M, Zhang F, Veenstra S, et al. High-performance polymer solar cells of an alternating polyfluorene copolymer and a fullerene derivative. Advanced Materials, 2003, 15(12): 988-991.

[134] Wang E, Wang L, Lan L, et al. High-performance polymer heterojunction solar cells of a polysilafluorene derivative. Applied Physics Letters, 2008, 92(3): 033307.

[135] Qin R, Li W, Li C, et al. A planar copolymer for high efficiency polymer solar cells. Journal of the American Chemical Society, 2009, 131(41): 14612-14613.

[136] Lu L, Yu L. Understanding low bandgap polymer PTB7 and optimizing polymer solar cells based on it. Advanced Materials, 2014, 26(26): 4413-4430.

[137] Huo L, Zhang S, Guo X, et al. Replacing alkoxy groups with alkylthienyl groups: a feasible approach to improve the properties of photovoltaic polymers. Angewandte Chemie, 2011, 50(41): 9697-9702.

[138] Guo X, Zhang M J, Ma W, et al. Enhanced photovoltaic performance by modulating surface composition in bulk heterojunction polymer solar cells based on PBDTTT-C-T/PC$_{71}$BM. Advanced Materials, 2014, 26: 4043.

[139] Wang M, Hu X, Liu P, et al. Donor-acceptor conjugated polymer based on naphtho [1, 2-c:5, 6-c]bis[1, 2, 5]thiadiazole for high-performance polymer solar cells. Journal of the American Chemical Society, 2011, 133(25): 9638-9641.

[140] Yang T, Wang M, Duan C, et al. Inverted polymer solar cells with 8.4% efficiency by conjugated polyelectrolyte. Energy and Environmental Science, 2012, 5(8): 8208-8214.

[141] Liao S, Jhuo H, Cheng Y, et al. Fullerene derivative-doped zinc oxide nanofilm as the cathode of inverted polymer solar cells with low-bandgap polymer (PTB7-Th) for high performance. Advanced Materials, 2013, 25(34): 4766-4771.

[142] Nian L, Zhang W, Zhu N, et al. Photoconductive cathode interlayer for highly efficient inverted polymer solar cells. Journal of the American Chemical Society, 2015, 137(22): 6995-6998.

[143] Liao S, Jhuo H, Yeh P, et al. Single junction inverted polymer solar cell reaching power conversion efficiency 10.31% by employing dual-doped zinc oxide nano-film as cathode interlayer. Scientific Reports, 2015, 4(1): 6813.

[144] Cui C, Wong W, Li Y, et al. Improvement of open-circuit voltage and photovoltaic properties of 2D-conjugated polymers by alkylthio substitution. Energy and Environmental Science, 2014, 7(7): 2276-2284.

[145] Zhang M, Gu Y, Guo X, et al. Efficient polymer solar cells based on benzothiadiazole and alkylphenyl substituted benzodithiophene with a power conversion efficiency over 8. Advanced Materials, 2013, 25(35): 4944-4949.

[146] Zhang M, Guo X, Zhang S, et al. Synergistic effect of fluorination on molecular energy level modulation in highly efficient photovoltaic polymers. Advanced Materials, 2014, 26(7): 1118-1123.

[147] Zhang M, Guo X, Ma W, et al. A large-bandgap conjugated polymer for versatile photovoltaic applications with high performance. Advanced Materials, 2015, 27(31): 4655-4660.

[148] Vohra V, Kawashima K, Kakara T, et al. Efficient inverted polymer solar cells employing favourable molecular orientation. Nature Photonics, 2015, 9(6): 403-408.

[149] Hummelen J C, Knight B, Lepeq F, et al. Preparation and characterization of fulleroid and methanofullerene derivatives. Journal of Organic Chemistry, 1995, 60(3): 532-538.

[150] Wienk M M, Kroon J, Verhees W, et al. Efficient methano[70]fullerene/MDMO-PPV bulk heterojunction photovoltaic cells. Angewandte Chemie, 2003, 42(29): 3371-3375.

[151] He Y, Chen H, Hou J, et al. Indene-C_{60} bisadduct: a new acceptor for high-performance polymer solar cells. Journal of the American Chemical Society, 2010, 132(4): 1377-1382.

[152] Zhao G, He Y, Li Y, et al. 6.5% efficiency of polymer solar cells based on poly(3-hexylthiophene) and indene-C_{60} bisadduct by device optimization. Advanced Materials, 2010, 22(39): 4355-4358.

[153] Guo X, Cui C, Zhang M, et al. High efficiency polymer solar cells based on poly (3-hexylthiophene)/indene-C_{70} bisadduct with solvent additive. Energy and Environmental Science, 2012, 5(7): 7943-7949.

[154] Meng X, Zhang W, Tan Z, et al. Highly efficient and thermally stable polymer solar cells with dihydronaphthyl-based [70] fullerene bisadduct derivative as the acceptor. Advanced Functional Materials, 2012, 22(10): 2187-2193.

[155] He D, Du X, Xiao Z, et al. Methanofullerenes, $C_{60}(CH_2)_n$ (n = 1, 2, 3), as building blocks for high-performance acceptors used in organic solar cells. Organic Letters, 2014, 16(2): 612-615.

[156] Lin Y, Zhan X. Non-fullerene acceptors for organic photovoltaics: an emerging horizon. Materials Horizons, 2014, 1(5): 470-488.

[157] Lin Y, Cheng P, Li Y, et al. A 3D star-shaped non-fullerene acceptor for solution-processed organic solar cells with a high open-circuit voltage of 1.18V. Chemical Communications, 2012, 48(39): 4773-4775.

[158] Lin Y, Li Y, Zhan X, et al. A solution-processable electron acceptor based on dibenzosilole and diketopyrrolopyrrole for organic solar cells. Advanced Energy Materials, 2013, 3(6): 724-728.

[159] Zhou Y, Ding L, Shi K, et al. A non-fullerene small molecule as efficient electron acceptor in organic bulk heterojunction solar cells. Advanced Materials, 2012, 24(7): 957-961.

[160] Zhou Y, Dai Y, Zheng Y, et al. Non-fullerene acceptors containing fluoranthene-fused imides for solution-processed inverted organic solar cells. Chemical Communications, 2013, 49(51): 5802-5804.

[161] Yang Y, Zhang G, Yu C, et al. New conjugated molecular scaffolds based on [2, 2] paracyclophane as electron acceptors for organic photovoltaic cells. Chemical Communications, 2014, 50(69): 9939-9942.

[162] Zhan X, Tan Z, Domercq B, et al. A high-mobility electron-transport polymer with broad absorption and its use in field-effect transistors and all-polymer solar cells. Journal of the American Chemical Society, 2007, 129(23): 7246-7247.

[163] Facchetti A. Polymer donor-polymer acceptor (all-polymer) solar cells. Materials Today, 2013, 16(4): 123-132.

[164] Liu Y, Mu C, Jiang K, et al. A tetraphenylethylene core-based 3D structure small molecular acceptor enabling efficient non-fullerene organic solar cells. Advanced Materials, 2015, 27(6): 1015-1020.

[165] Lin Y, Wang J, Zhang Z, et al. An electron acceptor challenging fullerenes for efficient polymer solar cells. Advanced Materials, 2015, 27(7): 1170-1174.

[166] Zhong Y, Trinh M T, Chen R, et al. Efficient organic solar cells with helical perylene diimide electron acceptors. Journal of the American Chemical Society, 2014, 136(43): 15215-15221.

[167] Jiang W, Ye L, Li X, et al. Bay-linked perylene bisimides as promising non-fullerene acceptors for organic solar cells. Chemical Communications, 2014, 50(8): 1024-1026.

[168] Ye L, Jiang W, Zhao W, et al. Selecting a donor polymer for realizing favorable morphology in efficient non-fullerene acceptor-based solar cells. Small, 2014, 10(22): 4658-4663.

[169] Lin Y, Zhang Z, Bai H, et al. High-performance fullerene-free polymer solar cells with 6.31% efficiency. Energy and Environmental Science, 2015, 8(2): 610-616.

[170] Zhou E, Cong J, Hashimoto K, et al. Control of miscibility and aggregation via the material design and coating process for high-performance polymer blend solar cells. Advanced Materials, 2013, 25(48): 6991-6996.

[171] Gao L, Zhang Z, Xue L, et al. All-polymer solar cells based on absorption-complementary polymer donor and acceptor with high power conversion efficiency of 8.27%. Advanced Materials, 2016, 4: 629.

[172] Zhang X, Lu Z, Ye L, et al. A potential perylene diimide dimer-based acceptor material for highly efficient solution-processed non-fullerene organic solar cells with 4.03% efficiency. Advanced Materials, 2013, 25(40): 5791-5797.

[173] Zhang X, Zhan C, Yao J, et al. Non-fullerene organic solar cells with 6.1% efficiency through fine-tuning parameters of the film-forming process. Chemistry of Materials, 2015, 27(1): 166-173.

[174] Y Lin Y, Wang Y, Wang J, et al. A star-shaped perylene diimide electron acceptor for high-performance organic solar cells. Advanced Materials, 2014, 26(30): 5137-5142.

[175] Zhang X, Yao J, Zhan C, et al. A selenophenyl bridged perylene diimide dimer as an efficient solution-processable small molecule acceptor. Chemical Communications, 2015, 51(6): 1058-1061.

[176] Zang Y, Li C, Chueh C, et al. Integrated molecular, interfacial, and device engineering towards high-performance non-fullerene based organic solar cells. Advanced Materials, 2014, 26(32): 5708-5714.

[177] Zhao J, Li Y, Lin H, et al. High-efficiency non-fullerene organic solar cells enabled by a difluorobenzothiadiazole-based donor polymer combined with a properly matched small molecule acceptor. Energy and Environmental Science, 2015, 8(2): 520-525.

[178] Cheng P, Ye L, Zhao X, et al. Binary additives synergistically boost the efficiency of all-polymer solar cells up to 3.45%. Energy and Environmental Science, 2014, 7(4): 1351-1356.

[179] Zhou Y, Kurosawa T, Ma W, et al. High performance all-polymer solar cell via polymer side-chain engineering. Advanced Materials, 2014, 26(22): 3767-3772.

[180] Earmme T, Hwang Y, Subramaniyan S, et al. All-polymer bulk heterojuction solar cells with 4.8% efficiency achieved by solution processing from a co-solvent. Advanced Materials, 2014, 26: 6080.

[181] Yan H, Chen Z, Zheng Y, et al. A high-mobility electron-transporting polymer for printed transistors. Nature, 2009, 457(7230): 679-686.

[182] Mori D, Benten H, Okada I, et al. Highly efficient charge-carrier generation and collection in polymer/polymer blend solar cells with a power conversion efficiency of 5.7%. Energy and Environmental Science, 2014, 7: 2939.

[183] Mu C, Liu P, Ma W, et al. High-efficiency all-polymer solar cells based on a pair of crystalline low-bandgap polymers. Advanced Materials, 2014, 26(42): 7224-7230.

[184] Kang H, Uddin M A, Lee C, et al. Determining the role of polymer molecular weight for high-performance all-polymer solar cells: its effect on polymer aggregation and phase separation. Journal of the American Chemical Society, 2015, 137(6): 2359-2365.

[185] Lee C, Kang H, Lee W, et al. High-performance all-polymer solar cells via side-chain engineering of the polymer acceptor: the importance of the polymer packing structure and the nanoscale blend morphology. Advanced Materials, 2015, 27(15): 2466-2471.

[186] Yip H, Jen A K. Recent advances in solution-processed interfacial materials for efficient and stable polymer solar cells. Energy and Environmental Science, 2012, 5(3): 5994-6011.

[187] Kim J Y, Kim S H, Lee H, et al. New architecture for high-efficiency polymer photovoltaic cells using solution-based titanium oxide as an optical spacer. Advanced Materials, 2006, 18(5): 572-576.

[188] Park M, Li J, Kumar A, et al. Doping of the metal oxide nanostructure and its influence in

organic electronics. Advanced Functional Materials, 2009, 19(8): 1241-1246.

[189] Faber H, Burkhardt M, Jedaa A, et al. Low-temperature solution-processed memory transistors based on zinc oxide nanoparticles. Advanced Materials, 2009, 21(30): 3099-3104.

[190] Ha Y E, Jo M Y, Park J, et al. Inverted type polymer solar cells with self-assembled monolayer treated ZnO. Journal of Physical Chemistry C, 2013, 117(6): 2646-2652.

[191] Ha Y E, Jo M Y, Park J, et al. Effect of self-assembled monolayer treated ZnO as an electron transporting layer on the photovoltaic properties of inverted type polymer solar cells. Synthetic Metals, 2014, 187: 113-117.

[192] Wang F, Tan Z, Li Y, et al. Solution-processable metal oxides/chelates as electrode buffer layers for efficient and stable polymer solar cells. Energy and Environmental Science, 2015, 8(4): 1059-1091.

[193] Tan Z, Li S, Wang F, et al. High performance polymer solar cells with as-prepared zirconium acetylacetonate film as cathode buffer layer. Scientific Reports, 2015, 4(1): 4691.

[194] Huang F, Wu H, Wang D, et al. Novel electroluminescent conjugated polyelectrolytes based on polyfluorene. Chemistry of Materials, 2004, 16(4): 708-716.

[195] Na S, Oh S, Kim S, et al. Efficient organic solar cells with polyfluorene derivatives as a cathode interfacial layer. Organic Electronics, 2009, 10(3): 496-500.

[196] Seo J H, Gutacker A, Sun Y, et al. Improved high-efficiency organic solar cells via incorporation of a conjugated polyelectrolyte interlayer. Journal of the American Chemical Society, 2011, 133(22): 8416-8419.

[197] Liao S, Li Y, Jen T, et al. Multiple functionalities of polyfluorene grafted with metal ion-intercalated crown ether as an electron transport layer for bulk-heterojunction polymer solar cells: optical interference, hole blocking, interfacial dipole, and electron conduction. Journal of the American Chemical Society, 2012, 134(35): 14271-14274.

[198] Chen Y, Jiang Z, Gao M, et al. Efficiency enhancement for bulk heterojunction photovoltaic cells via incorporation of alcohol soluble conjugated polymer interlayer. Applied Physics Letters, 2012, 100(20): 203304.

[199] Lv M, Li S, Jasieniak J J, et al. A hyperbranched conjugated polymer as the cathode interlayer for high-performance polymer solar cells. Advanced Materials, 2013, 25(47): 6889-6894.

[200] Zhou Y, Fuenteshernandez C, Shim J W, et al. A universal method to produce low-work function electrodes for organic electronics. Science, 2012, 336(6079): 327-332.

[201] O'Malley K, Li C, Yip H, et al. Enhanced open-circuit voltage in high performance polymer/fullerene bulk-heterojunction solar cells by cathode modification with a C_{60} surfactant. Advanced Energy Materials, 2012, 2: 82.

[202] Li C, Chueh C, Ding F, et al. Doping of fullerenes via anion-induced electron transfer and its implication for surfactant facilitated high performance polymer solar cells. Advanced Materials, 2013, 25(32): 4425-4430.

[203] Duan C, Zhong C, Liu C, et al. Highly efficient inverted polymer solar cells based on an alcohol soluble fullerene derivative interfacial modification material. Chemistry of Materials, 2012, 24(9): 1682-1689.

[204] Duan C, Cai W, Hsu B B, et al. Toward green solvent processable photovoltaic materials for polymer solar cells: the role of highly polar pendant groups in charge carrier transport and photovoltaic behavior. Energy and Environmental Science, 2013, 6(10): 3022-3034.

[205] Hong D, Lv M, Lei M, et al. N-acyldithieno[3, 2-b: 2', 3'-d]pyrrole-based low-band-gap conjugated polymer solar cells with amine-modified [6, 6]-phenyl-C_{61}-butyric acid ester cathode interlayers. ACS Applied Materials and Interfaces, 2013, 5(21): 10995-11003.

[206] Li S, Lei M, Lv M, et al. [6, 6]-Phenyl-C_{61}-butyric acid dimethylamino ester as a cathode buffer layer for high-performance polymer solar cells. Advanced Energy Materials, 2013, 3(12): 1569-1574.

[207] Wei Q, Nishizawa T, Tajima K, et al. Self-organized buffer layers in organic solar cells. Advanced Materials, 2008, 20(11): 2211-2216.

[208] Tai Q, Li J, Liu Z, et al. Enhanced photovoltaic performance of polymer solar cells by adding fullerene end-capped polyethylene glycol. Journal of Materials Chemistry, 2011, 21(19): 6848-6853.

[209] Jung J W, Jo J W, Jo W H, et al. Enhanced performance and air stability of polymer solar cells by formation of a self-assembled buffer layer from fullerene-end-capped poly(ethylene glycol). Advanced Materials, 2011, 23(15): 1782-1787.

[210] Page Z A, Liu Y, Duzhko V V, et al. Fulleropyrrolidine interlayers: tailoring electrodes to raise organic solar cell efficiency. Science, 2014, 346(6208): 441-444.

[211] Smith D D, Cousins P J, Westerberg S, et al. Toward the practical limits of silicon solar cells. IEEE Journal of Photovoltaics, 2014, 4(6): 1465-1469.

[212] Nakamura J, Asano N, Hieda T, et al. Development of hetero junction back contact Si solar cells. IEEE Journal of Photovoltaics, 2014, 4: 1491-1495.

[213] Masuko K, Shigematsu M, Hashiguchi T, et al. Achievement of more than 25% conversion efficiency with crystalline silicon heterojunction solar cell. IEEE Journal of Photovoltaics, 2014, 4: 1433-1435.

[214] 邓庆维 , 黄永光 , 朱洪亮 . 25% 效率晶体硅基太阳能电池的最新进展 . 激光与光电子学进展 , 2015, 52: 110002.

[215] 肖旭东 , 杨春雷 . 薄膜太阳能电池 . 北京 : 科学出版社 , 2014.

关键词索引